しみことトモエ

猫との日々はたからもの

simico［著］

イースト・プレス

しみことトモヱ 猫との日々はたからもの

もくじ

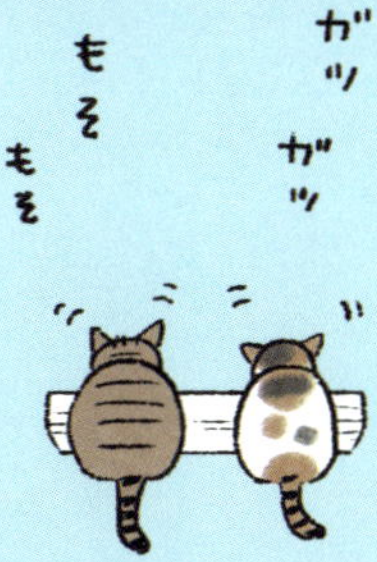
ガツガツ
もそもそ

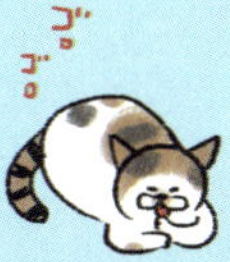
ゴロゴロ

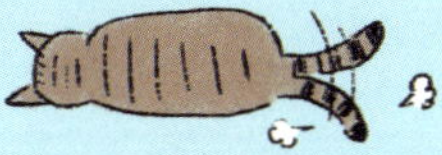

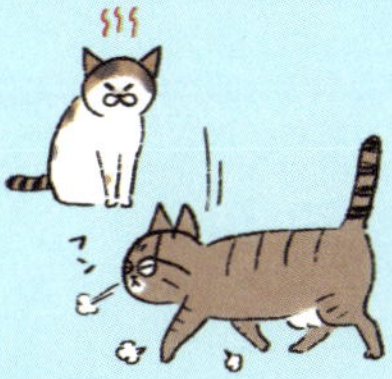

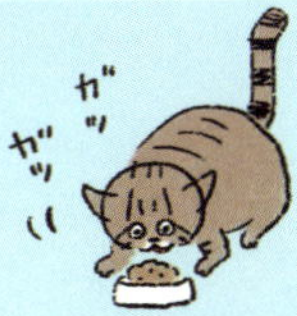
ガツガツ

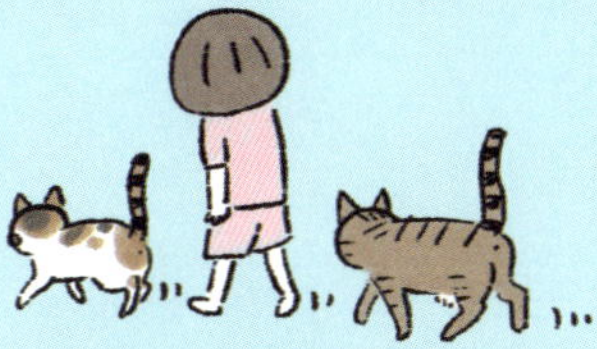

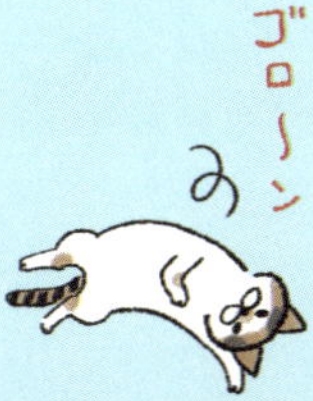
ゴローン

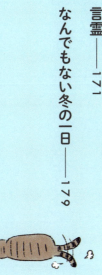

キャラクター紹介

次女トモヱ

ツッパってるけど
純なハートの
元ノラ猫

長女しみこ

のんきな箱入り娘
ケンカは弱いが
我は通す

三女サビーヌ

本編には
まだ登場しない
未来の家族

かいぬし（作者）

将来のことを不安がって
よくしょぼくれている
アラフィフひとり暮らし

ノブ

なぜかいつも
いいタイミングで
猫を拾ってくる青年

かあちゃん

ノブのかあちゃん

NNN

実態は知られて
いない謎の組織

ニャン

ミケ

スゥ

スナックともゑで
働くホステスたち

トモヱ（ホステスver.）

妄想スナック「ともゑ」のママ
トモヱの裏の顔

マリコママ

トモヱがお世話になった
バーのママ

ギャオス

マリコママのバーの常連客
トモヱの天敵

しみ毛先輩

トモ毛先輩

しみ毛太郎

ヒゲの助

どこからともなく
ふきだまる毛玉軍団

この本について

お手に取っていただき
ありがとうございます
この本は猫たちと
平凡に暮らす日常を
かいぬしがただボンヤリと
観察し、あれこれ思いつくままに
描いた雑記のような漫画です
てきとうにパラッとめくって
どこからでもお気楽に
ご覧ください

simico

第1話

トモヱの学習

しみことトモヱ

パサ
ガサ

ガサガサ
ガサ
バンバン
ガサガサ
ガサ
赤べこ
スンスン
スン

ガサ
ガサ
ガサ
ガサ
ガサ
ガサ

最近、トモヱの遊び方が
しみこに似てきた
ガサ
ガサ
ガサ
ガサ
ガサ
ガサ
ところどころ
しみこのマネをしている
ようす
バリ
バリ
バリ
オリジナリティも残しつつ…
ペシ
ペシ
横取り
したいだけ
か…?

新しいおもちゃには
トモヱはすぐに飛びつかない
ホレッ
ホレ
ホレ
野良時代につちかった
警戒心の強さなのかなと
思っているが
?!
遊び方が
わからなかったのかも?
…とも思えてきた
じっくり
観察
ケリ
ケリ
ケリ
ケリ
ベロ
ベロ
ベロ
ベロ

興味でたかい?
ホレ
ホレ
つかれた…
ホレ
ホレ
そろそろやめよう
キャッチ

しんだ？
しんだよ
小さい頃に兄弟猫や他の猫との交流がなかった猫はしみこのように甘噛みのかげんを知らないようです
しみこの噛み方しか知らなかったのでトモヱにはじめて甘噛みされた時まったく痛くない噛み方だったことにとても感激しました。
はむっ
イタクナーイ
OK トドメをさしておきましょう
ガブ
み
イデーッ
※しみこのわずかに残っている野性…獲物の急所を狙って噛む急所＝のどもと＝おもちゃを操作するかいぬしの手首
小さい頃の学習でずいぶんちがうもんなんだな…
ポン
ポン

トモヱが甘噛まなくなってきた…!
今ちょっと本気出した?
エヘヘ
ウソウソ
今のウソンコ
ペロ
ペロ
ムギュ
シャー
ムギュッとすると怒る
—そしてある日
ガブ
!

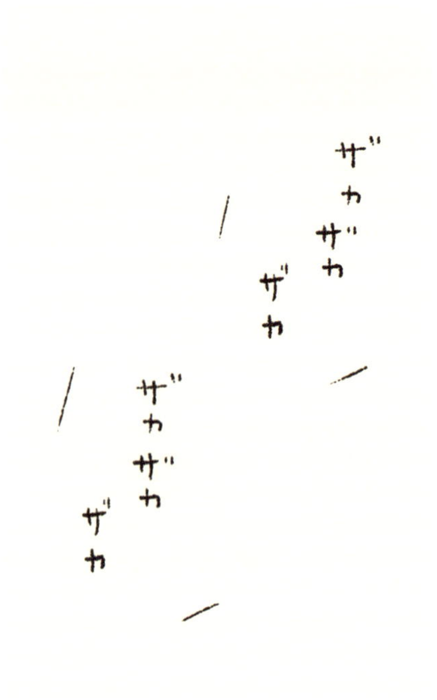

【しみこのウソトイレ】
トイレの砂をかく音でかいぬしがすぐ起きてくるのを覚えたしみこは、ときどき使ってないのに砂だけかいてかいぬしを起こすようになった

第2話

おいしい器

しみことトモエ

あ〜〜
う〜〜
うおお〜
はあぁ〜
仕事の後のひとっぷろはまたカクベツ
ハァァ〜
ゴクラク
テンゴク
キィ
テッテコ
テッテコ
ムッ
きたな!

お風呂上がり恒例
コサックダンス
ホッ
ハッ
ホッ
ハッ
お風呂から上がると
なぜかしみこが
足をなめにやってくる
ホッ
ペロ…
ハッ
ペロ…
一説によると
なわばりを主張する
マーキング行動の
一種らしい…
ムッ
かいぬしのにおいが
変わったなり

ニオイのつけ直しにゃ!
世話がやけるなりね!
せっ
せっ
ペロ
ペロ
スリスリ
お風呂のたまり水よくなめてるし
ペロ
ペロ
人間のダシがうまいのかもしれん
かいねしのお吸いもの
うまいと評判のラーメン屋さんのうまさの秘訣はここにあるというし…
ヘイ!おまち
ココ
ウソれす
元祖
親指らーめん
…ということらしいが
ほんとかな~

そういえば、ペット商品の中で人気の水飲みボウル
ふつうの水をこのボウルに入れるだけで味がまろやかになり水をゴクゴク飲むようになるとか…
実はうちにも一個ある
…しかし誰もあんまり飲んでない
他に、電動で水が循環するタイプの給水器がひとつ
これはまぁまぁよく飲んでいる
ピチャ
ピチャ
そして我家の一番人気ナゾの小さい器（たぶん小鳥用の水入れ？）
実家から持ってきた用途不明の器
しみこの幼少期からずっと愛用していてトモヱも一番よく使う
ピチャ
ピチャ
10cm弱の小鉢
キャリーバッグに
付いていた
フード入れ（？）にのせて
ケージにひっかけている

なんでこればっか使うんじゃ〜
すぐカラッポになるからじみにたいへんなんじゃ〜
…と、つねづね疑問に思っていたところ…
WH〜Y？
おしえてエライ人
—突然登場—
とある猫の先生
その飲まない器
お水とゴハンの場所、一緒にしていませんか？
してる！
あと、高さを変えてみるといいかも知れませんよ

猫は本来
獲物をとってきて、
食べるときに
血などで水が汚れないように
水がある場所とは
離れて食事をする習性が
あるんだとか

Hey!
カラッポ
カラッポー

やっぱり
これが一番人気
なぜじゃ〜？

第
3
話

調教

しみことトモヱ

猫と暮らしていると
独自の工夫や
ルールが
出来てくる
ペン立ては
使わなく
なった

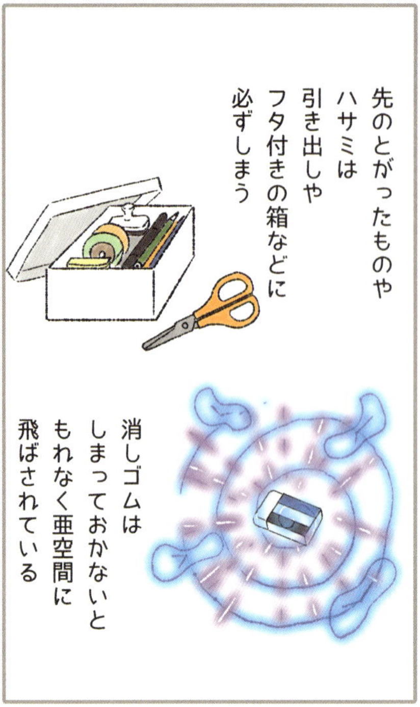
先のとがったものや
ハサミは
引き出しや
フタ付きの箱などに
必ずしまう
消しゴムは
しまっておかないと
もれなく亜空間に
飛ばされている

シャーペンや
鉛筆などを
出しておくと
すかさず
しみこが
もてあそぶ
危ない！
やめろ〜
あらよっ
くる
くる

それから高いところに
割れそうなものは
置かない
置くなら
倒れにくい形の
ものにして底に
転倒防止マット
的なものをしく

ずっと前に
こんなことが
あった――

ロンドンに行った友達に
買ってきてもらった
限定品のアロマポット
超お気に入りで
大切にしていた
ドドドドドド
ダダダダダダ
時はしみこ幼少期
やんちゃ盛り
ピョーン
ガシャーン
なんだ？
なんだ？

あーーッ!
ナー
わー!!
どうしてくれるんだよおお!
大事にしてたのニィイイ!!
…と、これが身内の人間相手だったら荒れ狂って怒っていたであろう今までのかいぬし
うわ〜ん
うわ〜ん
しみこ!大丈夫か!?
ケガしてないか!?

人は変わる
なんとも
なさそうニャ〜
よかったニャ〜
スリ
スリ
ずっと後になって
知ったことだが
アロマ成分は種類によっては
猫にとって有害で
あることがわかってきた
うちには
必要ないもの
だったのだ
猫の本
TVのリモコンなども
しまっておかないと
いけない
真夜中
Z Z Z
プオン♪

ワイワイ
ガヤガヤ
ドッ
ゲラゲラ
ふおぉ〜
勝手にTVつけるなぁ
猫にいじられて困るようなものは出しっぱなしにしない
…だからと言って部屋は片付かない
エアコンのリモコンも要注意である
真夏に暖房になっていたり設定温度が変わっていたりしたら大変である
暖房
代わりにこれらのものが常時出しっぱなしとなる
ティッシュペーパー
主に目ヤニ取り用
トイレットペーパー
主にゲロ用
コロコロ
ガムテ
爪とぎ
ヨダレ臭いおもちゃ
うちわ
※棒状やひも状のおもちゃは置きっぱなしにしない

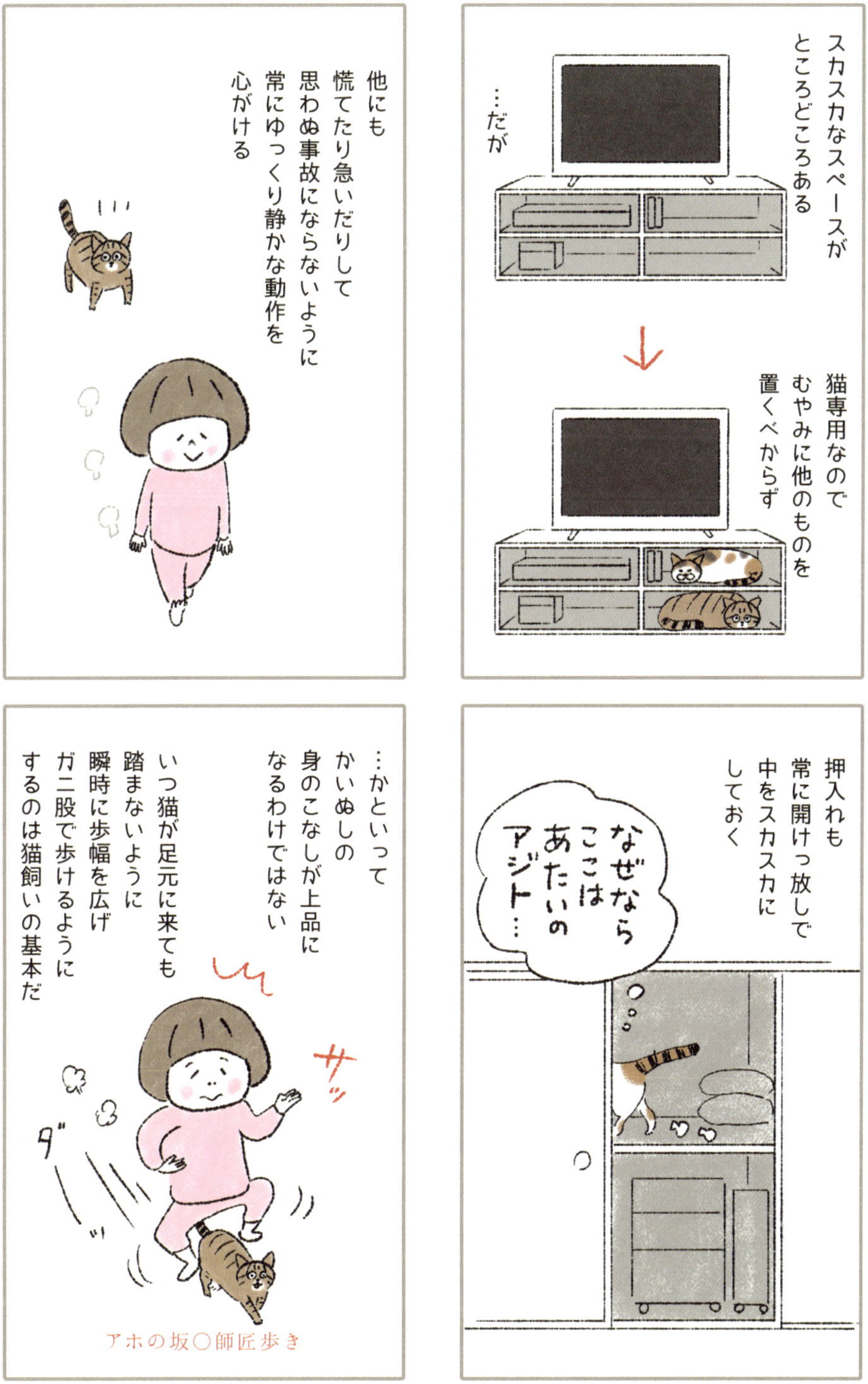
スカスカなスペースがところどころある
…だが
猫専用なので
むやみに他のものを
置くべからず
押入れも
常に開けっ放しで
中をスカスカに
しておく
なぜなら
ここは
あたいの
アジト…
他にも
慌てたり急いだりして
思わぬ事故にならないように
常にゆっくり静かな動作を
心がける
…かといって
かいぬしの
身のこなしが上品に
なるわけではない
いつ猫が足元に来ても
踏まないように
瞬時に歩幅を広げ
ガニ股で歩けるように
するのは猫飼いの基本だ
サッ
ダッ
アホの坂○師匠歩き

かいぬしを呼びたい時はこうするなり
ザカザカザカ
チラ
定番のエア砂かき
エアか…
…で何の用だ?
動作確認なり
【エア砂かき】
砂をかくとかいぬしが寄ってくる
最近は根気よくここにいすわっていると
〝おやつを出す〟を覚えたようだ
ガサ
ゴソ
かいぬし調教中
もー
おやつ

第4話

2割の法則

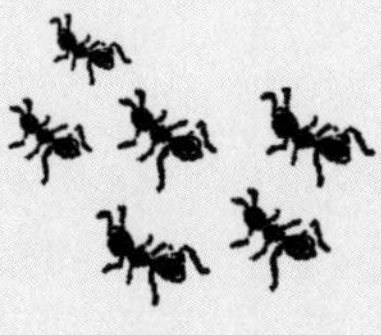

しみことトモヱ

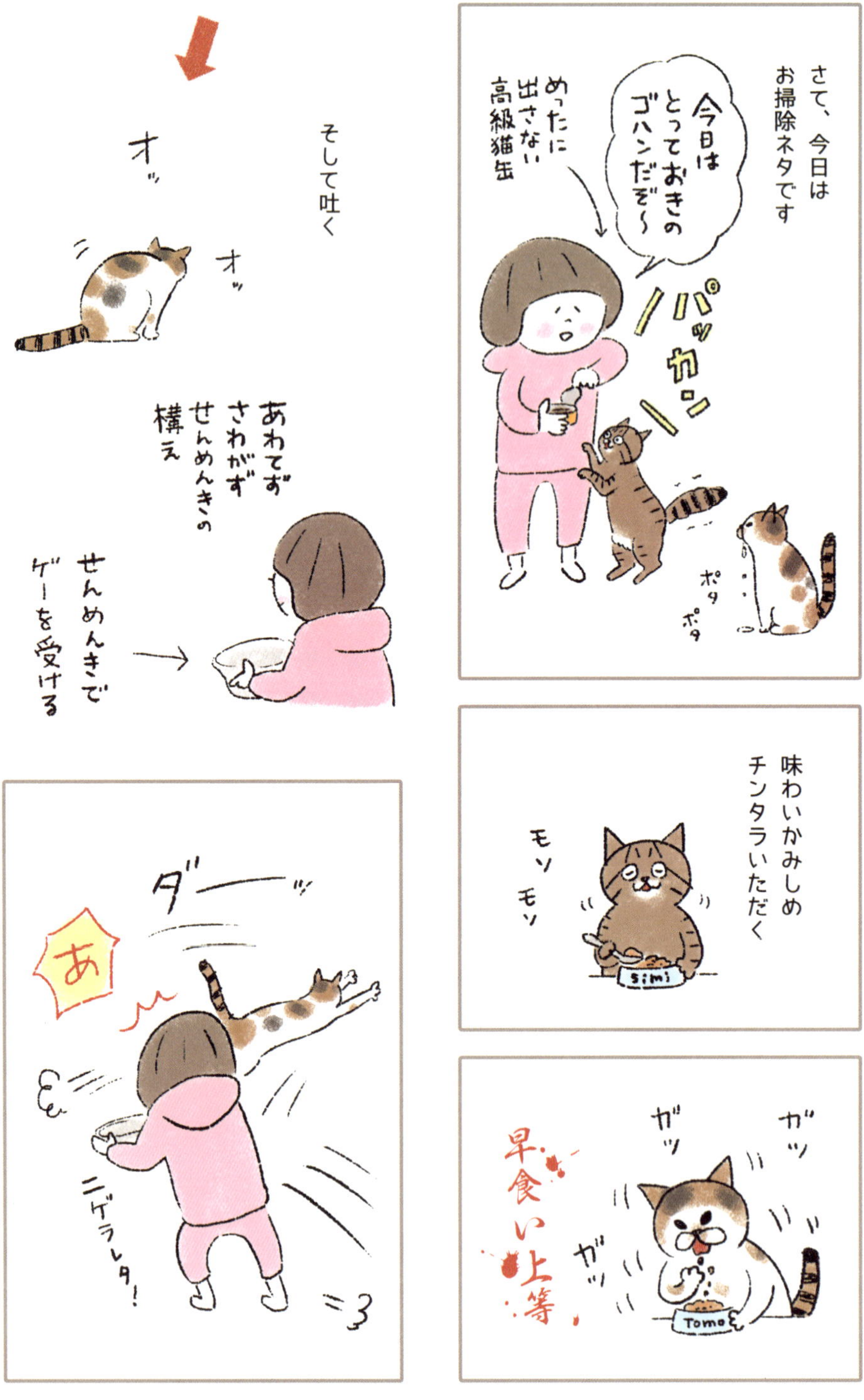
さて、今日はお掃除ネタです
今日はとっておきのゴハンだぞ～
めったに出さない高級猫缶
パッカン
ポタポタ
味わいかみしめチンタラいただく
モソモソ
Simi
ガッ
ガッ
ガッ
早食い上等
Tomo
そして吐く
オッ
オッ
あわてずさわがずせんめんきの構え
せんめんきでゲーを受ける
ダーッ
あ
ニゲラレタ！

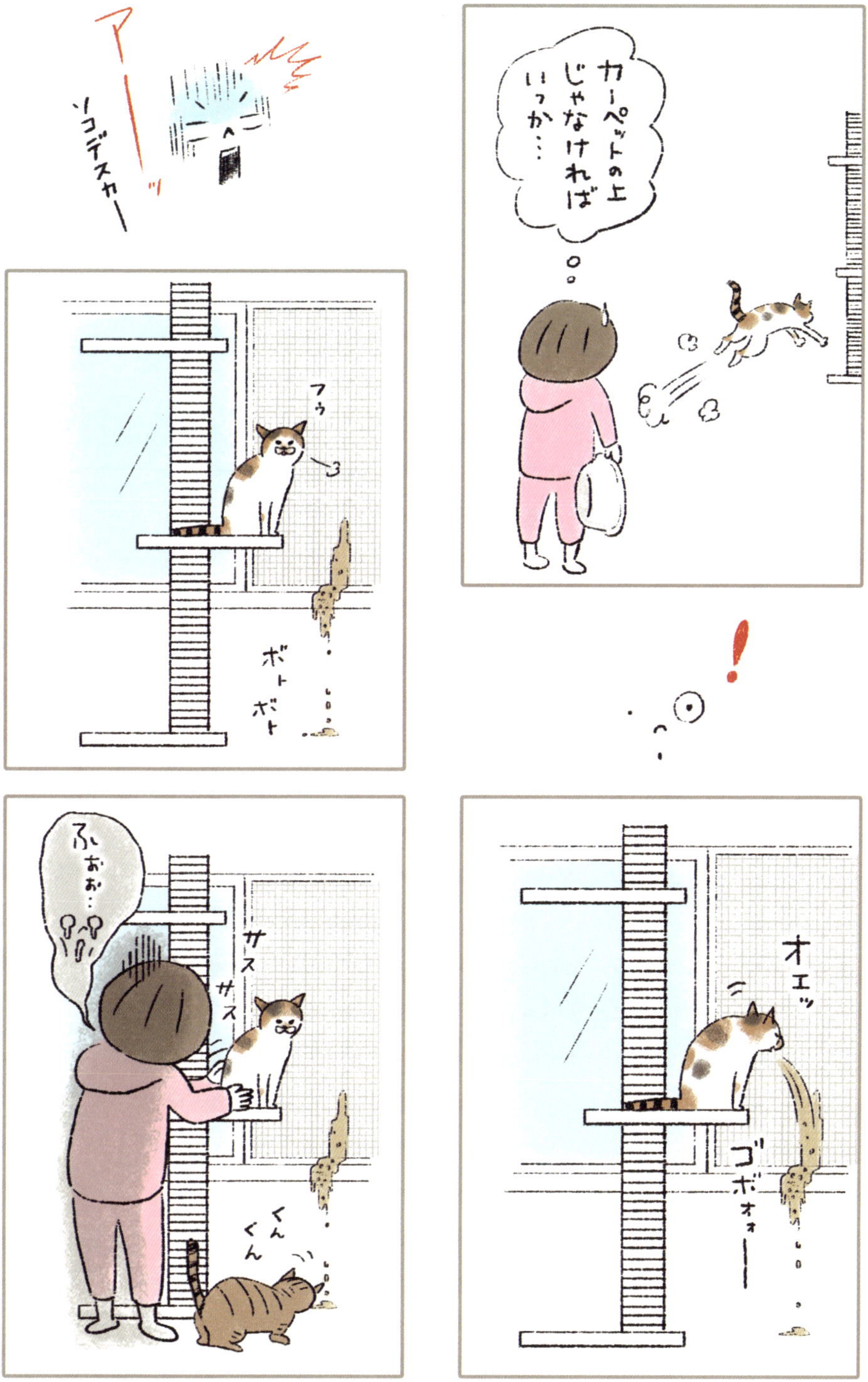
カーペットの上じゃなければいっか…
!
オエッ
ゴボォー
アーーッ
ソコデスカー
フゥ
ボトボト
ふぉぉ…
サスサス
くんくん

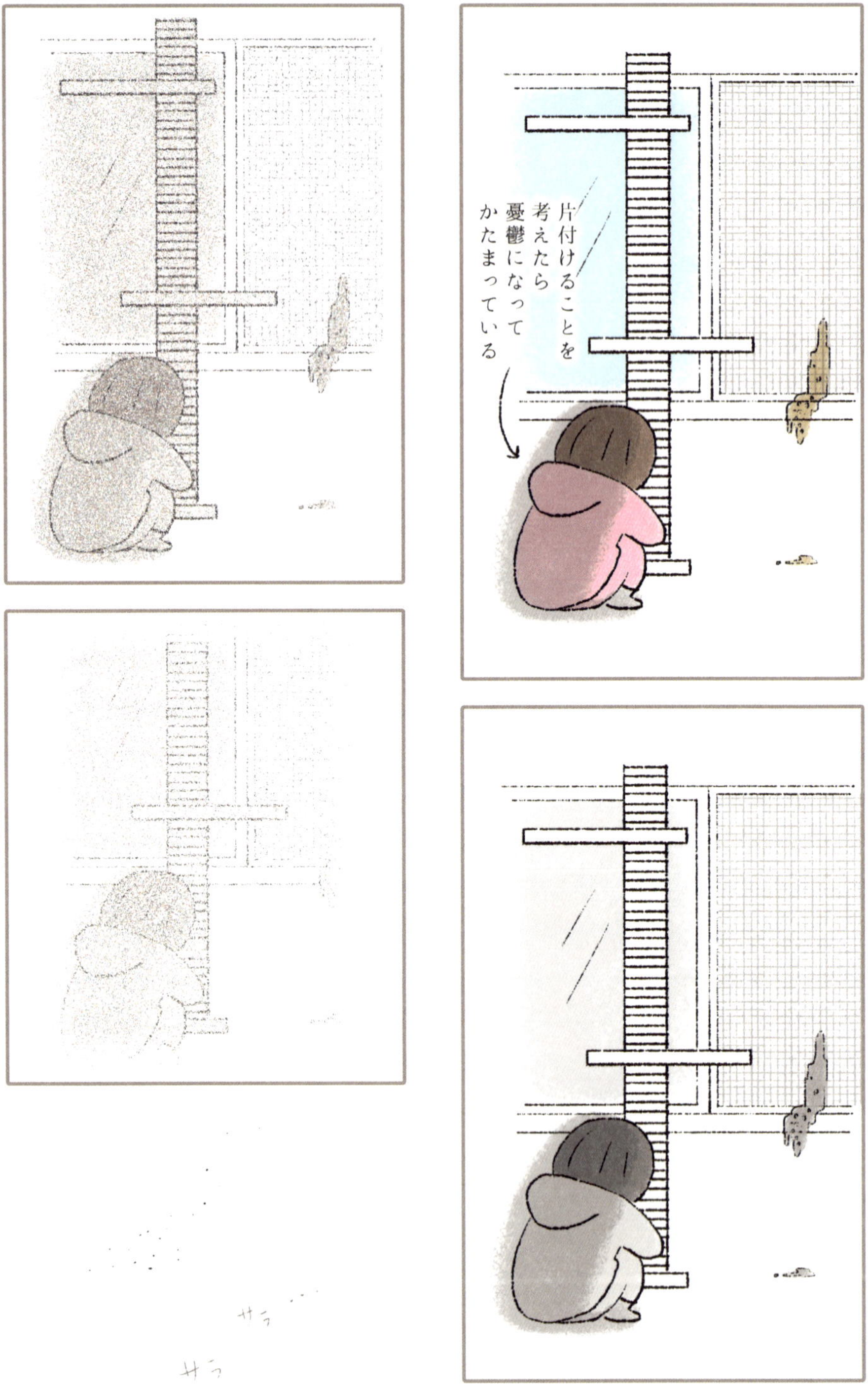
片付けることを
考えたら
憂鬱になって
かたまっている
サラ
サラ

2割の法則
というのがある…

集団生活において
そのうちの2割はよく働き、
6割はふつうに働き、
残りの2割はなまける…
という法則である

2:6:2の法則
とも言う

アリの実験で
説明されるヤツ

怠け者を
排除しても…

ふつうに働いていた者の
中から新たな怠け者が
出てくる

よく働く

ふつうに
働く

なまける

逆に
働き者を排除しても…
あるいは働き者だけを
集めたとしても

そこから新たな働き者と
ふつうに働く者と
2割の怠け者が誕生する

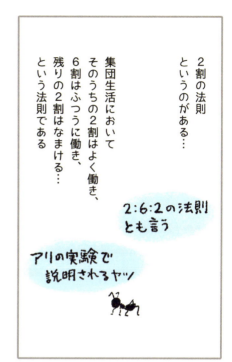

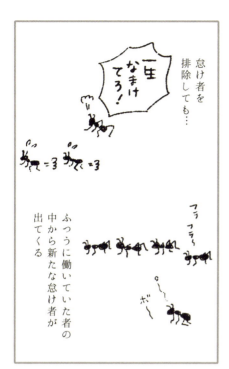

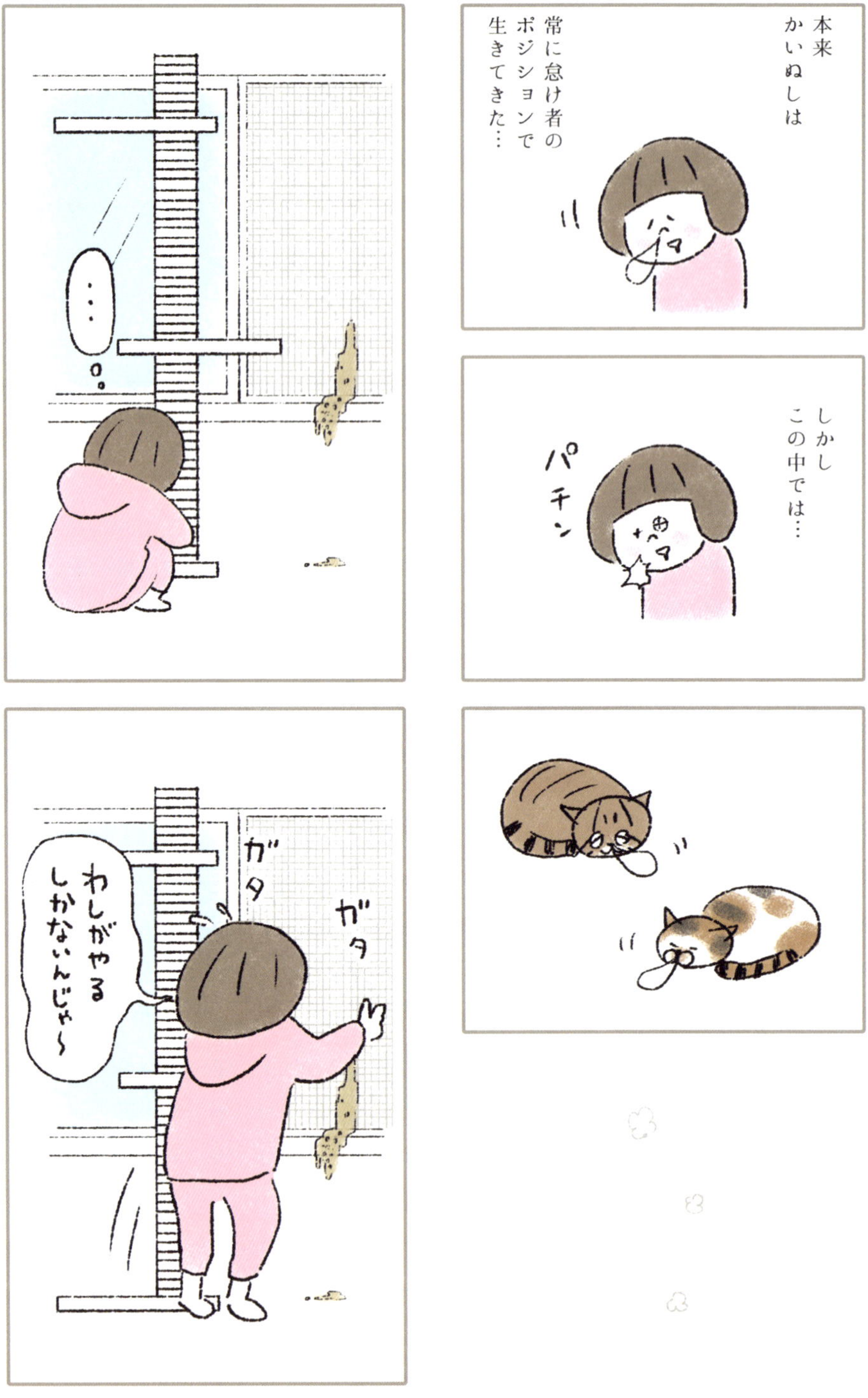
本来
かいぬしは
常に怠け者の
ポジションで
生きてきた…
しかし
この中では…
パチン
…
ガタ
ガタ
わしがやるしかないんじゃ～

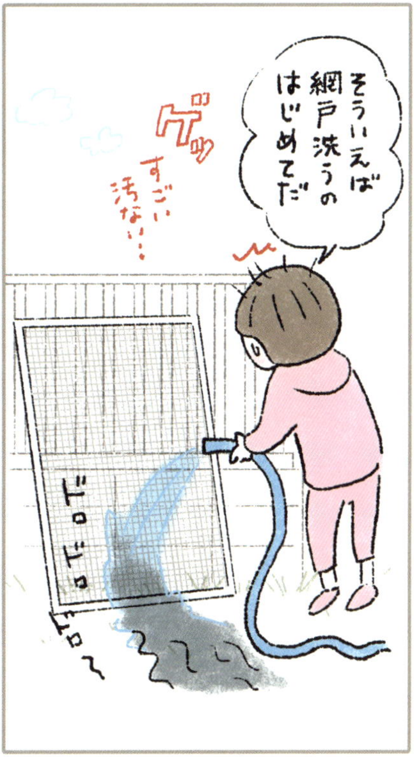

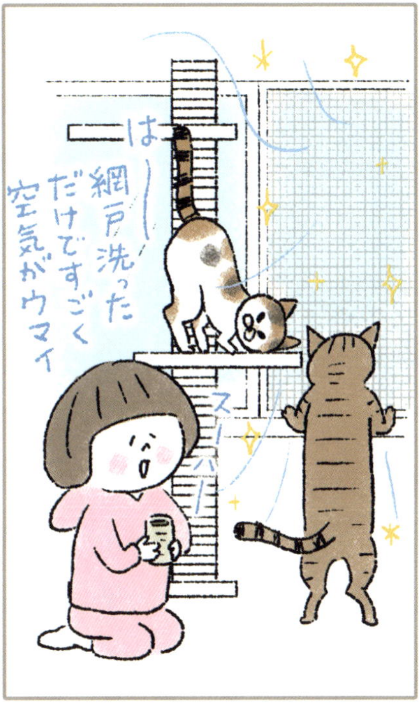

しみトモたちの
おかげで
人間らしく
暮らしていける
かいぬしなので
あります

ある日のたからものな一日

第5話

しみこのダイエット

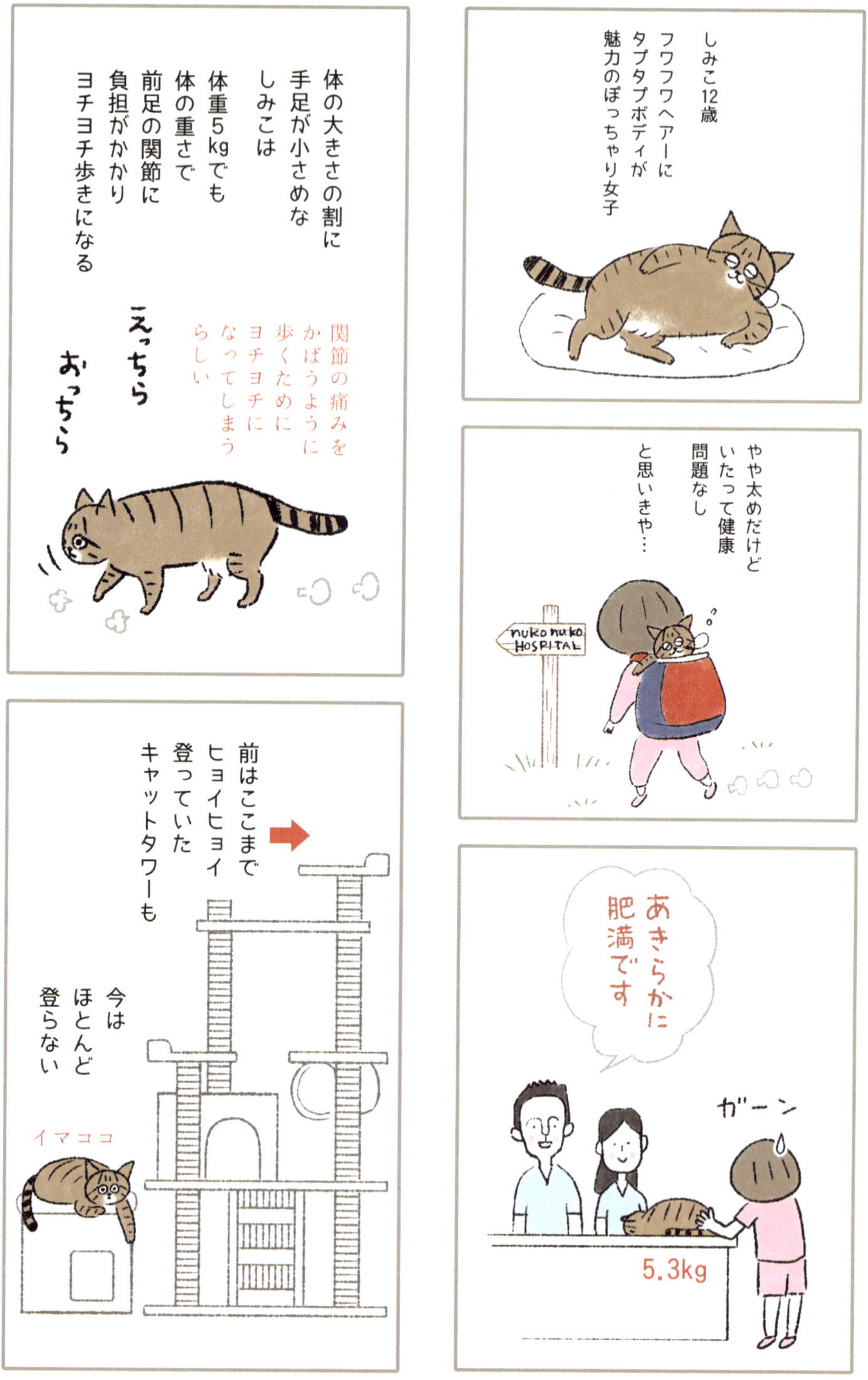
しみこ12歳
フワフワヘアーに
タプタプボディが
魅力のぽっちゃり女子
やや太めだけど
いたって健康
問題なし
と思いきや…
nuko nuko HOSPITAL
あきらかに肥満です
ガーン
5.3kg
体の大きさの割に
手足が小さめな
しみこは
体重5kgでも
体の重さで
前足の関節に
負担がかかり
ヨチヨチ歩きになる
関節の痛みをかばうように歩くためにヨチヨチになってしまうらしい
えっちら
おっちら
前はここまで
ヒョイヒョイ
登っていた
キャットタワーも
今は
ほとんど
登らない
イマココ

押入れの上にも
登れない
フフン♪

関節炎の負担を軽くするためにもダイエット成功させましょう!
お-!

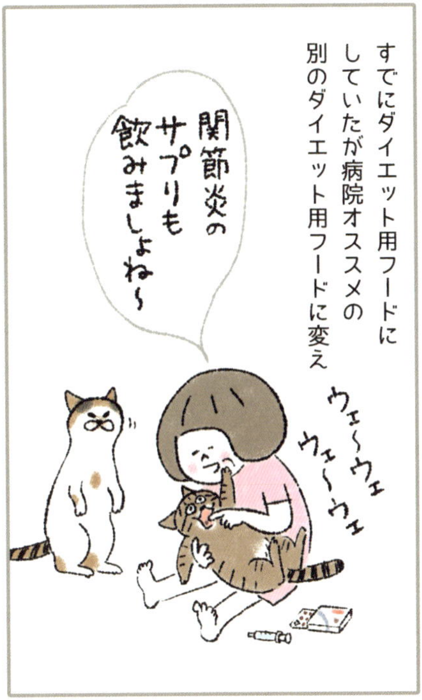
すでにダイエット用フードにしていたが病院オススメの別のダイエット用フードに変え
関節炎のサプりも飲みましょね~
ウェ~ウェ
ウェ~ウェ

何より
カロリーの適正量を
きっちり守る
じ~~~
熱い視線の
圧力アップ
めし
もっと
よこせ

そして1ヶ月後——
5.35kg
増えとる!
ツルーーッ
50g程度は誤差の範囲ですから…
とか
でもまったく減ってないのか
ゴハンの量きっちり守ってるのになぜじゃ?
とりあえず気休めのブルブル体操
やっぱりトモエの分もしみこが食べてるのかな
ガリ
ボリ
ガリ
ボリ

※しおりん＝トモヱを譲ってくれた猫友だち。

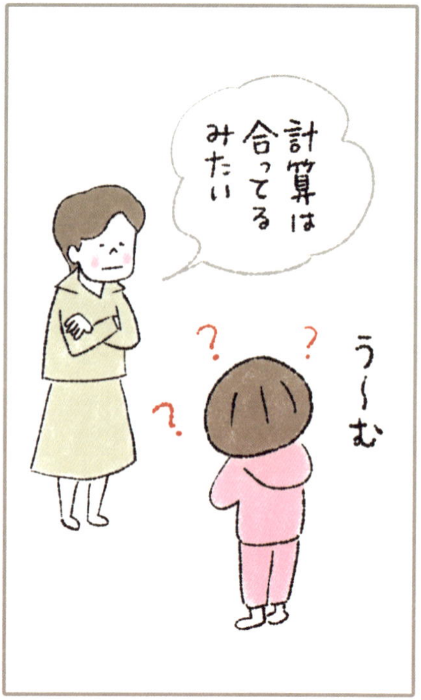
計算は合ってるみたい
う〜む
？
？
？

5.05kg
あれ？ちゃんと減ってる
2人の体重ーかいぬしの体重
＝しみこの体重(5.05kg)

体重計こわれてるのかな？
脱がんでよろしい

そういえば あの日以来 体重はかって なかった
5.35kg
増えとる!
ツルーン
この日以来
減らない 減らないと ボヤいているうちに 今はもう あれから3ヶ月…
ダイエット開始
1ヶ月後 50g増える
→ここで ダイエット効果なしと思い込む
以後 はかってもいないのに 減らない減らないと ボヤき続けて3ヶ月
ちゃんと 減ってた!
3ヶ月で マイナス300g ゆっくりで いいペースだね
やったー
見た目 ぜんぜん 変わらん けど
しかし トモヱも しみこと同じだけ 減っていた…
※トモヱも 同じダイエット フードを食べている
これは マズイ
4.1kgから 3.8kgに
300g減

なぜかわしも
2kg減った
とりあえず
わーい
じ〜〜
若干
身軽になった
しみこ
ドッコイショ
ヨッコラセ
ヨイショ
ヨイショ
コソ
コソ
ホレ
しみこが
見てないうちに
早くお食べ
隠れめし
見てるなり

第6話

流浪の民

しみことトモヱ

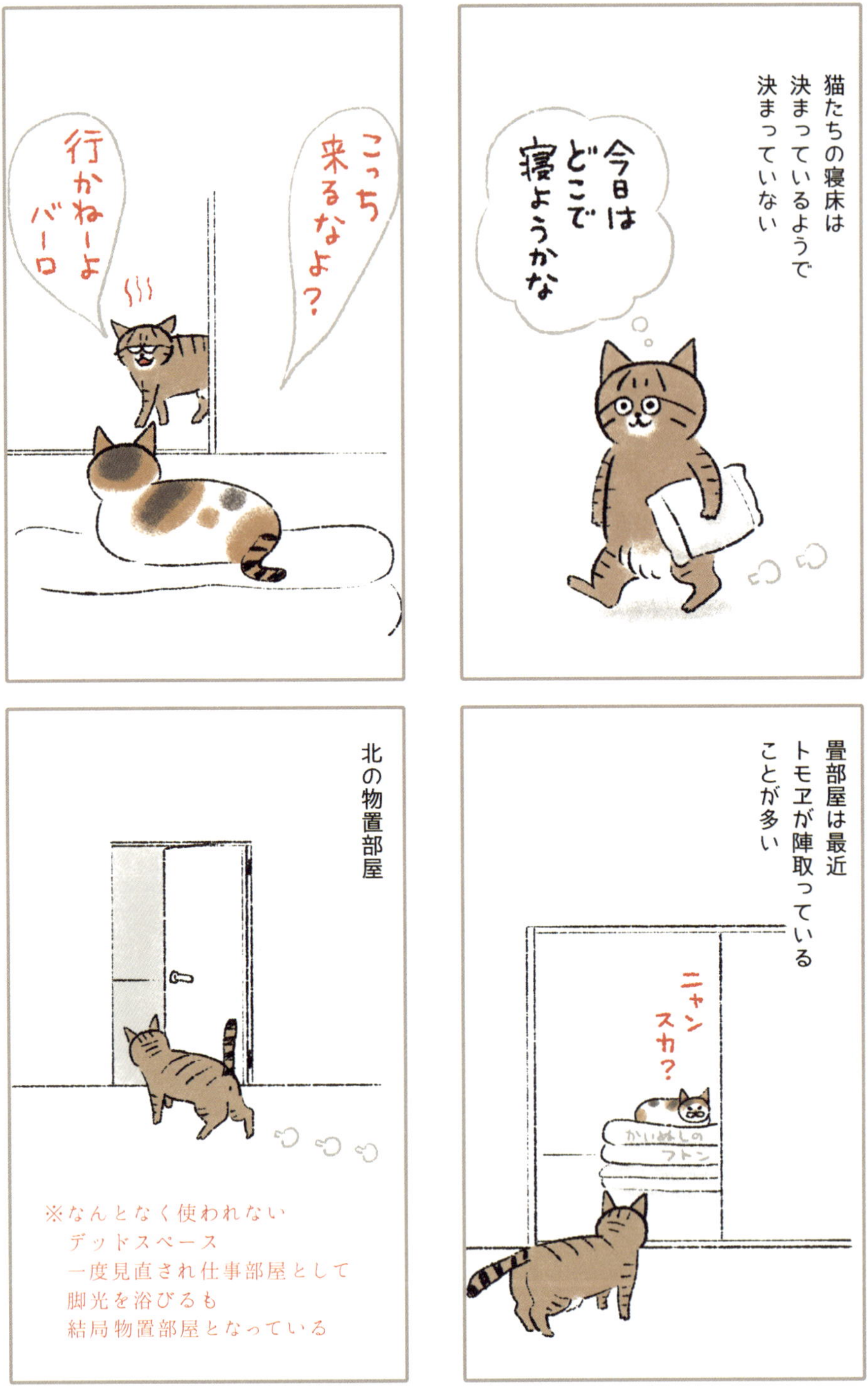
猫たちの寝床は
決まっているようで
決まっていない
今日は どこで 寝ようかな
こっち 来るなよ？
行かねーよ バーロ
畳部屋は最近
トモヱが陣取っている
ことが多い
ニャン スカ？
かいぬしの フトン
北の物置部屋
※なんとなく使われない
デッドスペース
一度見直され仕事部屋として
脚光を浴びるも
結局物置部屋となっている

初夏の今頃は
他の部屋より涼しく
静かで快適なようで
最近のしみこは
よくここにいる
床はじゅうたん
たまに
ぬいぐるみの箱に
入っていたりして
あっしみこ
こんな
ところに!
ぬいぐるみと
一緒になって
かわ…
かわ…
かわ…
…いそう
他のぬいぐるみが…
なにか?
ムギュウ
ギュウ
ギュウ
じー
何しに
来たなり
しみこに
用はニャース
かいぬ
し〜ん

そろそろ
めしニャスよ
ガツガツ
もそもそ
食った食った
部屋戻ろ
ダーッ
パタン
なんで
閉めた？

我家では
食後30分~1時間程度
北の物置部屋と畳部屋を
閉鎖する

たまに
食べた後、
未消化のフードを
吐き出すことが
あるので
掃除しにくい
畳の上とか
じゅうたんの上とかに
吐かれるのを
防ぐためである

でも油断ならん
つるつるして拭きやすいところならいいよ
つるつるしてるけどそこもダメだ
TV
DVD
玄関
靴があるからそこはダメだ
すまんそこもドイテクダサイ
フーッ
うるさいヤツだな
ネタ帳やメモ

廊下
ペター
ボテー
かいぬしの定位置
リビング中央の
ちゃぶ台パソコン机
長ザブトン
ウム
ここなら
良かろう
廊下に
打ちあげ
られた
トドの図
もく
もく

フフフ
やっぱり
みんな
わしのそばが
好きなんだな
ヨシヨシ
はよ
部屋開けて
くれんかな

第7話

マッサージ

しみことトモヱ

しみこのダイエット…
今のところ食事制限のみで様子を見ている
ニャンスカ？
関節炎で肘が弱っているので激しい運動は避けたい
…
なるべく動かずに代謝を上げる良い方法はないかな
イッチニ
サンシ

くるっ
あ オイッチニ サンシ
TVの朝の情報番組でやっていた隠れメタボ解消運動
くるっ
隠れメタボ
スロージョギング&ターン
背筋を伸ばし 肘は90度 腕は振らずに おしゃべりできるくらいのペースで ゆっくり小走り …を家の中で 何度か繰り返す ゆるい運動
すぐに影響されるニャスね
きっとすぐあきるなり
くるっ
ズン ズン ズン
ガバッ
ビクッ

ブル
ブル
ブル
ブル
!?
おっ無抵抗！
まんざらでもない様子
ブル
ブル
ブル
ブルブルマッサージ
何をする!?
ネットのうけうりニャスな
運動が苦手な猫ちゃんにブルブルしてダイエット
スマホ
そして整腸をうながす「のの字」マッサージ
おなかのあたりをのの字のの字のの字とくるくると

オォ!
うっとりしておる
ゴロゴロゴロゴロ
イデー!
ガブーッ
マッサージはやめ時がきたらすみやかにやめるべし
しっぽをパタパタとさせ始めたらやめ時

トモエもブルブルマッサージする？
ホーレ
ブルブルブルブル
ニャアアアア
ポカ
何すんニャス！
ポンポンニャスよ
ポンポン！
すいやせん

ホントにトモエはどこでこれを覚えてきたんだろう？
ポンポンポン
ゴロ〜ン
のの字マッサージはどうじゃ？
くるくる
ゴロゴロゴロゴロ
お！いい感じ？
ゴロロ
ゴロロ
ゴロロ

ハッ
やめ時サイン
パタパタ
パッ
ハイハイ やめたよ
スチャッ
え また?
やっぱり これが いいんかい
のっし のっし

お！しみこもマッサージの良さに目覚めたか？
ゴロン
のの字に集中するとこっちものの字に…
なんかちがうニャス
ええと…
こっちでポンポン こっちはのの字… 同時はムズカシイぞ
ポンポンに集中すると
どうしても両方ポンポンしちゃうよ～
そうじゃにゃいなり
ガブー
イデー！

たからものな日常マンガ①

いつものあいさつ

第8話

夏の終わり

あ!
…っという間に8月が終わってしまった
9
毎年一番暑そうな日にすると決めている夏の恒例行事「シャンプー」
※かいぬしは毎日洗っています
…をしないまま9月になってしまった
確か去年もしていない

まいっか
9
いいとも

猫はよほど汚れていなければ人間がシャンプーしてやらなくてもじゅうぶん大丈夫と言うし
ひとりでできるニャス
ペロペロ
ペロ
ベロ
ベロ

来年がんばろう
今年の流行アイスチョコミントその前はスイカバーさらに前はあずきバー
※自分調べ

はー
もう夏も
終わりか…
しんみり
夏が
終わる前に
もっと夏を
堪能《たんのう》して
おかなければ!
ガバッ
スイカ!
トウモロコシ!
枝豆!
シャク
シャク
・・・

桃も食べておかないと!
【上手に切れず種まわりに残ってしまう果肉を残さず食べる作法】
シンクの前で誰にも見られないように素手で食べる
シャグシャグ
ボタボタ
グダラ~
はー堪能した
パタパタ
麦茶
ギンギン
ギラギラ
ミーーン
ミンミン
ボ~

やら
やら
ーってまだまだ暑いじゃないか！
ぜんぜんシャンプーできそう！
ハッ
まだ間に合う！
風呂るぞ〜
ダッ

ジャブジャブ♪
ダイジャブ
こわくないジャブ♪
ザー
ジャバダ
ジャブジャブ
ダイジャウブ〜♪
「お風呂ダイジャブの歌」
作詞／作曲 かいぬし
あお〜ん
あお〜ん
※こわくないよと安心させるため優しく歌ったり声をかけながらシャワーをかけると安心してくれる…ような気がする
やっぱりシャンプーした後はひと味違う
色柄くっきり際立つ白さ
フワフワサラサラモフモフ度アップ
ふ〜
さっぱり
あともうやり残したことはないな！

鏡餅
引っ越し時から
未開封ダンボール
冬から
出しっぱなしの
ホカホカカーペット

これで
心置きなく
秋を迎え
られるぞ
季節の
移り変わりは
大事にしないと

第9話

しみこのサルマネ

しみことトモヱ

しみこ
2004年生まれ
申年
トモヱは…
推定
2005
～
2008
生まれ
酉 or
亥 or
子 or…
戌 or
しみこ申《さる》年《どし》っぽくないね
タヌキニャスね
タヌキかわいいやんけ～
タヌキ～…って
タヌキ年《どし》なんかないわー
バシッ
注 しみこ
新春
しみトモ漫才
どちらかというとトモヱのほうがサルっぽい
どことなくサルっぽいヘアースタイル
軽い身のこなし

サルのような鳴き声
ケツパンからの〜しっぽギュッ
キャッキャッ
(怒)

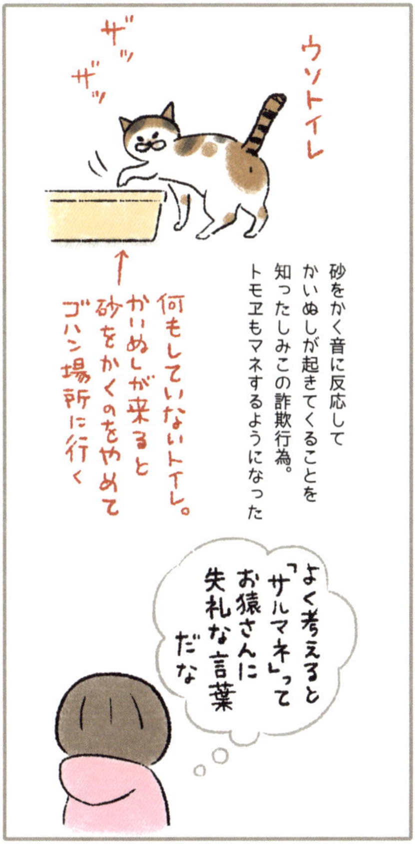
ウソトイレ
ザッ
ザッ
砂をかく音に反応してかいぬしが起きてくることを知ったしみこの詐欺行為。トモヱもマネするようになった
何もしていないトイレ。かいぬしが来ると砂をかくのをやめてゴハン場所に行く
よく考えると「サルマネ」ってお猿さんに失礼な言葉だな

吾輩のサルマネもよくしてるなり
ガジ
ガジ
ぬこモテシート
しみこが使った後のまたたび付きシート

最近では——
かいぬし深夜のティータイム
台所でひっそりと白湯《さゆ》を飲むのがマイブーム

にゃんすか?
それ
ただの
お湯だよ
ドッコイ
ショっと!

じー
ゴロロ…
ゴロロ…
シタッ

ニャーン
スリ
スリ
ドタ
バタ
スカ
ポカ

ゴロロ…
ゴロロ…
何しに来たニャー
吾輩のマネばっかしてんじゃねーよ!
ンナロー
クク

吾輩は
サルマネなんか
しないなり
マネするヤツは
クソなり
シュル シュル シュル
ブーメラン
——さかのぼること
ウン年前
ウナーン
ウナナ〜ン
ウナー
ウナー
ひとりっこ時代の
しみこ
通りすがりの猫
（ギャオスではない）
網戸越しに
見知らぬ猫と
ご対面したとき…
甘い声でウナナき合い、
いい雰囲気だった
ところへ…
シャー!!
おっ！
のら猫
さん？
わしが近づいたら
シャーっと言って
その猫はどこかへ
逃げていってしまった

それ以来、
今までめったに
シャー！とか
言ったことがなかった
しみこが、カジュアルに
シャー！と言うように
なった
正確には
一度だけ
はじめて
病院に行った日に
シャーッとないた
ことはあった
シャー
それは本当に
カジュアルに…
ねんねこねー
ねんねこ
ねんねこ…
ゴロロ…
ゴロロ…
ねんね…
シャー
？？？
ゴロロ…
ゴロロ…
なんでもないところで
シャー！と言う
なんか
まちがってるぞ
シャー

しみことトモヱ

第10話

猫だまし

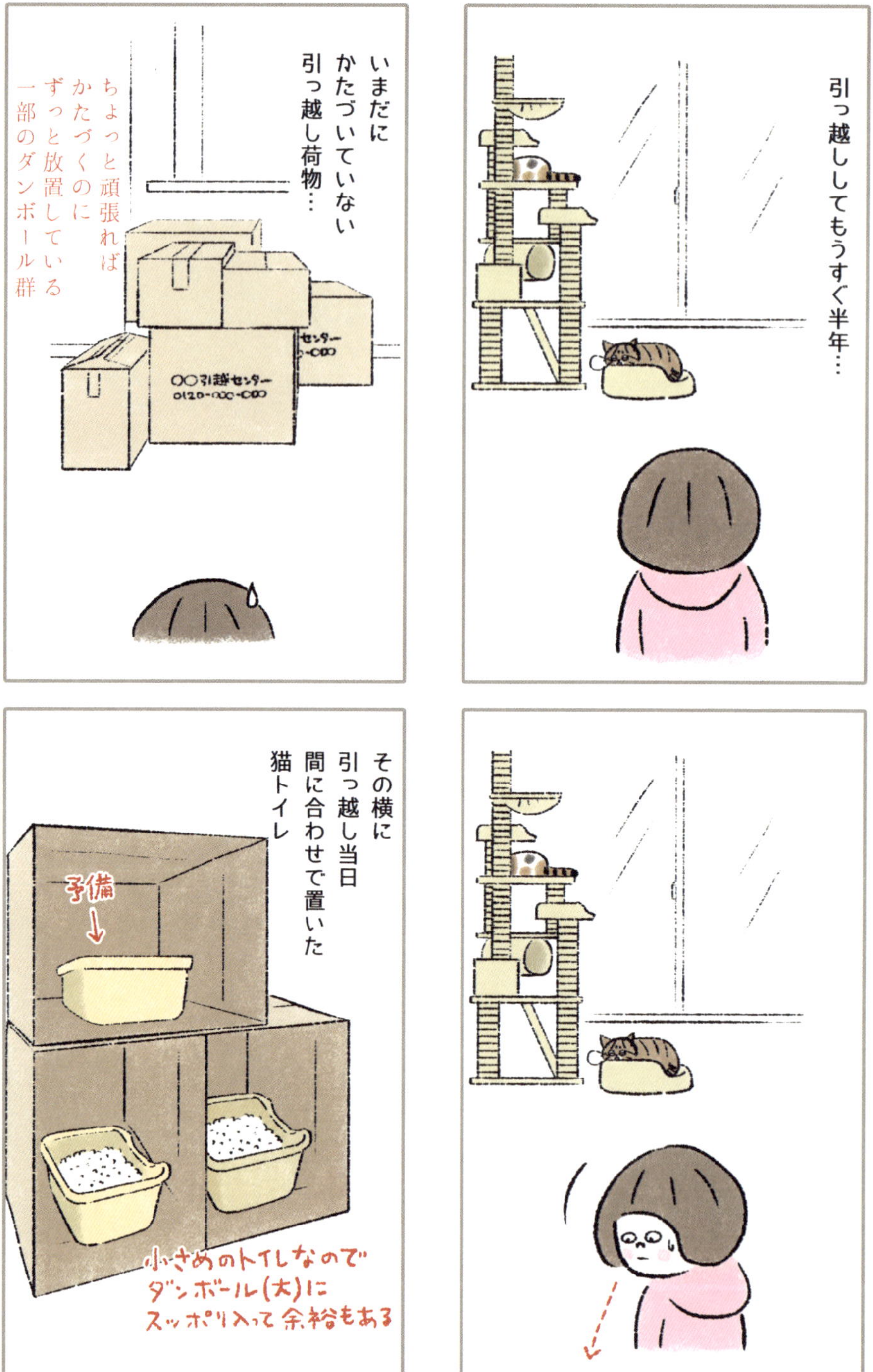
引っ越ししてもうすぐ半年…
いまだにかたづいていない引っ越し荷物…
ちょっと頑張ればかたづくのにずっと放置している一部のダンボール群
○○引越センター
0120-○○○-○○○
その横に引っ越し当日間に合わせで置いた猫トイレ
予備
小さめのトイレなので
ダンボール(大)に
スッポリ入って余裕もある

引っ越し屋さんのダンボールをトイレカバーとして一時的に使用…
見た目はともかくなかなかいいぞ
オシャレなことはあとでゆっくり考えよう
あと
あと
約半年後の現在
一時的のはずだったダンボールのトイレカバーはしみトモ家公式アイテムとして定着
Joe
オイッ

こんなときも
ダンボールなら
気兼ねなく
取替えられる
見た目は
ともかく…
New!
Joe
もうずっと
これでいいや
しみことトモヱの仲も
特に進展何もなく…
くっつく気配
まるでなし
もうずっと
このまま
かも…
ケンカはしないが
生ぬるい小競り合いは
いつものコト
最近の小競り合いは
よりいっそう生ぬるく…

あるときは…
ゴロ〜ン
クネ
クネ
見てんじゃねえよ
ビクッ
シュッ
殴らない
フン

トゥアッ
スーッ
ポカ
ペロ
ペロ
フーッ
雑だな…
またあるときは…
ザカ
ザカ
ザカ
ザカ
しみこがトイレに入り、砂を掘っていると…
ザカ
ザカ
ザカ
ザカ
フリ
フリ
フリ
トモヱが戦闘態勢になっておる!?

まるごしを狙うとはずるいぞトモエ!
Joe〜
最初に発見したときは人力で止めた
また別の日…
ザカザカザカザカ
フリフリ
あっ
またっ!
今日は一部始終を観察してみよう
ザカザカザカザカ
…
ザカザカザカザカザカザカザカ
砂を掘ってる時間が長い

戦意喪失か？
ジョロロ〜
しっこ済むまで待ってる
しみこのしっこが終わるや否や
ダッ
襲いかかる…
…フリをして
なんニャ!?
フーッ
襲わない
ペロペロ
ナゾである
？
何がしたいんだ？

しみこも…
フリ
フリ
フリ
行き止まりまで
追いつめて…
ダッ
何もしない
フンッ
まいったか
まいって
ねーわ！
バーロー
このくらいで
カンベン
してやる

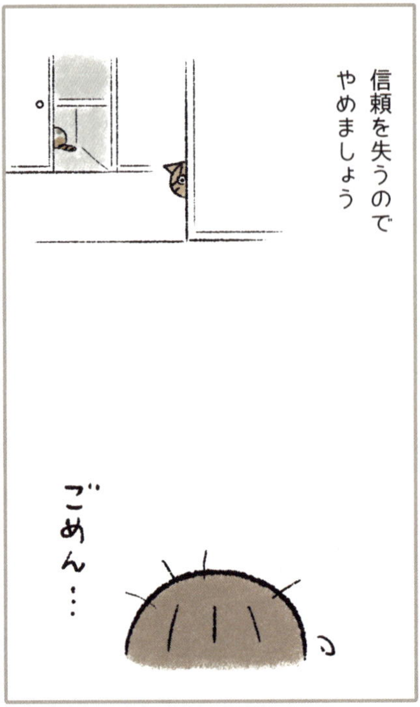

ここで
注意したいのは

第11話

コタツ

―10月
ここに越してきて
はじめて迎える冬
…に備えて
暖房設備を確認
まだ寒くないけど
エアコンを
メインに使うと
電気代も
かかりそうだし
前の家主さんが
置いていった
エアコン
捨てずに持ってきた
ボロっちい
ファンヒーター
思い出のつまった
ボロっちい
ホカホカカーペット
（ミニ）
前より広くなった分
これだけじゃ
寒いかもしれない
何かひとつ
新しいのを
導入しよう
ちょっと
大きめの
ホカホカカーペットで
いいかな

通販コタツ特集
Nukoten
ポカポカこたつ特集
コタツはないな
一人暮らしをはじめてからこれまで「コタツ」という選択肢はいっさいなかった
実家(新潟)暮らしの頃は、冬は常に一心同体だったコタツ
かいぬし突然のコタツ離れ
"KOTATSU" = ・DASAI ・DARASHINAI ・DAMENINGEN
3《さん》D《ダー》
コタツダサイ
思春期
かいぬし上京前
持ってけばいいねかて
(新潟弁)
(標準語訳)「持って行けばいいじゃないですか」
イラネって言ってるろ!
「いらないと言っているじゃありませんか」
コタツとは涙の決別をしてきた

それからかれこれ20年――
コタツとは疎遠に生きてきた
ところが…
ニャン
ニャン
ニャ
ニャ
ニャ〜〜
コタツネコ動画
ニャン
ニャン
ニャ
ニャ
ニャン
ニャン
ニャン
ニャニャ
ニャン
ニャ
ニャ
ニャン
ニャン
ニャン

ニャニャ
ニャン
ニャニャ
ニャン
ニャ〜〜
ただ猫がコタツで
寝ているだけなのに…
見ているだけで
あったかく
なぜかしら
幸せに包まれる
この多幸感…
幸せホルモン
オキシトシン ドバァ〜
かいぬしは思った
日本に生まれて
コタツを知らずにいて
いいのだろうか…
ニャンダ!?
コレハ!?
ザワ
ザワ
コタツを
知らない
猫たち

もう誰にも止められなかった

過去の自分に
セイ・グッバイ

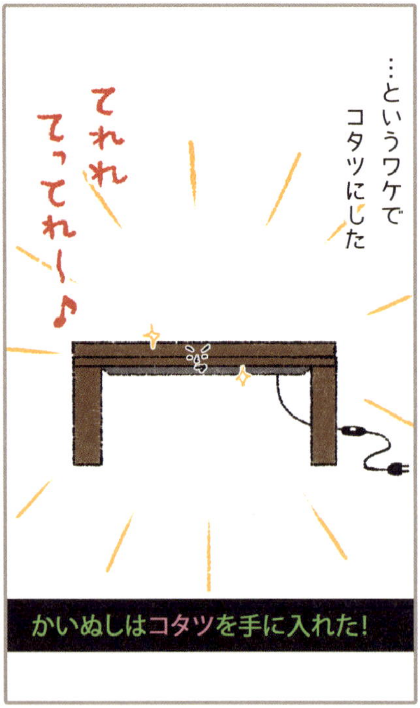

アレがない
アレ
今時のコタツには
もう赤いアレがない
電源入れてないので
コタツはまだ
ただのテーブル
まだ寒くないし

早く寒くならないかなぁ
ポワワン

そろそろつけても良いかなァ？
まだ寒くないような寒いような…
？
自分の体感温度に自信がない

時は過ぎ、11月下旬―

フトンなしでつけてみた
カッ

しみこ
いち早く入場
はやっ
ソロ〜リ
ソロリ
ソロリ
ドッコイニャス

フォーーッッ
すごいぞ
コタツの
猫吸引力！
ざっと
こんなもん
です

さぁ
みんなで
あたまろ☆
あ～
サッ
ザッ
緊迫しながらコタツにあたっているので
ちょっとの刺激で崩壊

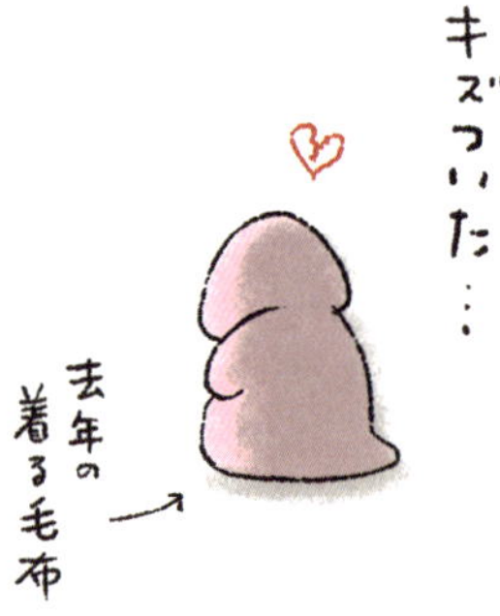
キズついた…
去年の
着る毛布

第12話

モフモフ注意報

しみこと トモヱ

しみモフ

しみこ…いつも
かわいいな…
着る毛布
おお…
ヨーシ
ヨシヨシ
ゴロロ…
ゴロロ…
しがみついて
よじのぼられる
この快感…
ムフーッ
モフッ
モフッ!
モフッ
モフッ!

モフモ…
ガブッ！
イデー！！
バッ

フーッ

おわかりいただけるだろうか
鼻を噛まれたときの
この痛み…
尋常ではない…
ガツ
ガツ

皆様もお気をつけ下さい

トモモフ

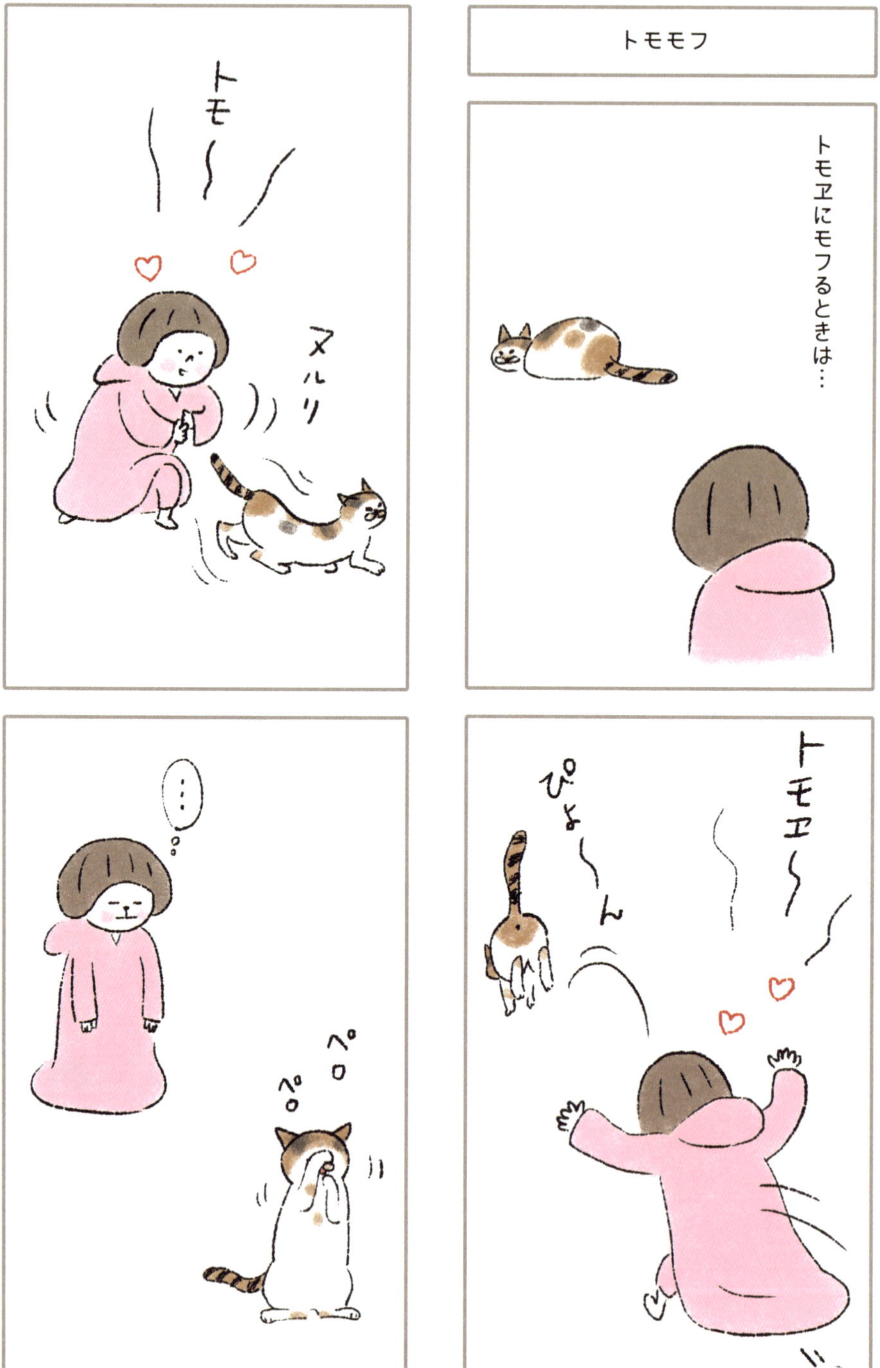
トモヱにモフるときは…
ぴょ〜ん
トモヱ〜
トモ〜
ヌルリ
…
ペロ
ペロ

ヒラリ
プイ
別にいいし仕事あるし
ニャッ
・・・

モシャシャ
モシャシャ
シャシャシャ
シャシャシャ
仕事しろ
仕事はまったく
はかどらない
いってきモフ
ハッ
バイトに行く時間
うわ〜
遅刻するぅ〜
パンッ
パンッ

コロコロ
コロコロ
じゃ、行ってくるよ
うう…すぐに帰ってくるから〜

コロコロ
コロコロ
ホントに行ってくるよ
ピタ
平等になでておかないと気がすまない
トモエ〜
トモエ〜
ワシャ
ワシャ

ハッ
マジデ
ヤバイ

ダーッ
ガムテ

駅のホームで
服についた毛を
ペタペタ取っている
オカッパがいたら
それはたぶん
かいぬしです
ペタ
ペタ

たからものな日常マンガ②

とばっちり

第13話

Hoka Hoka Carpet Blues

しみことトモヱ

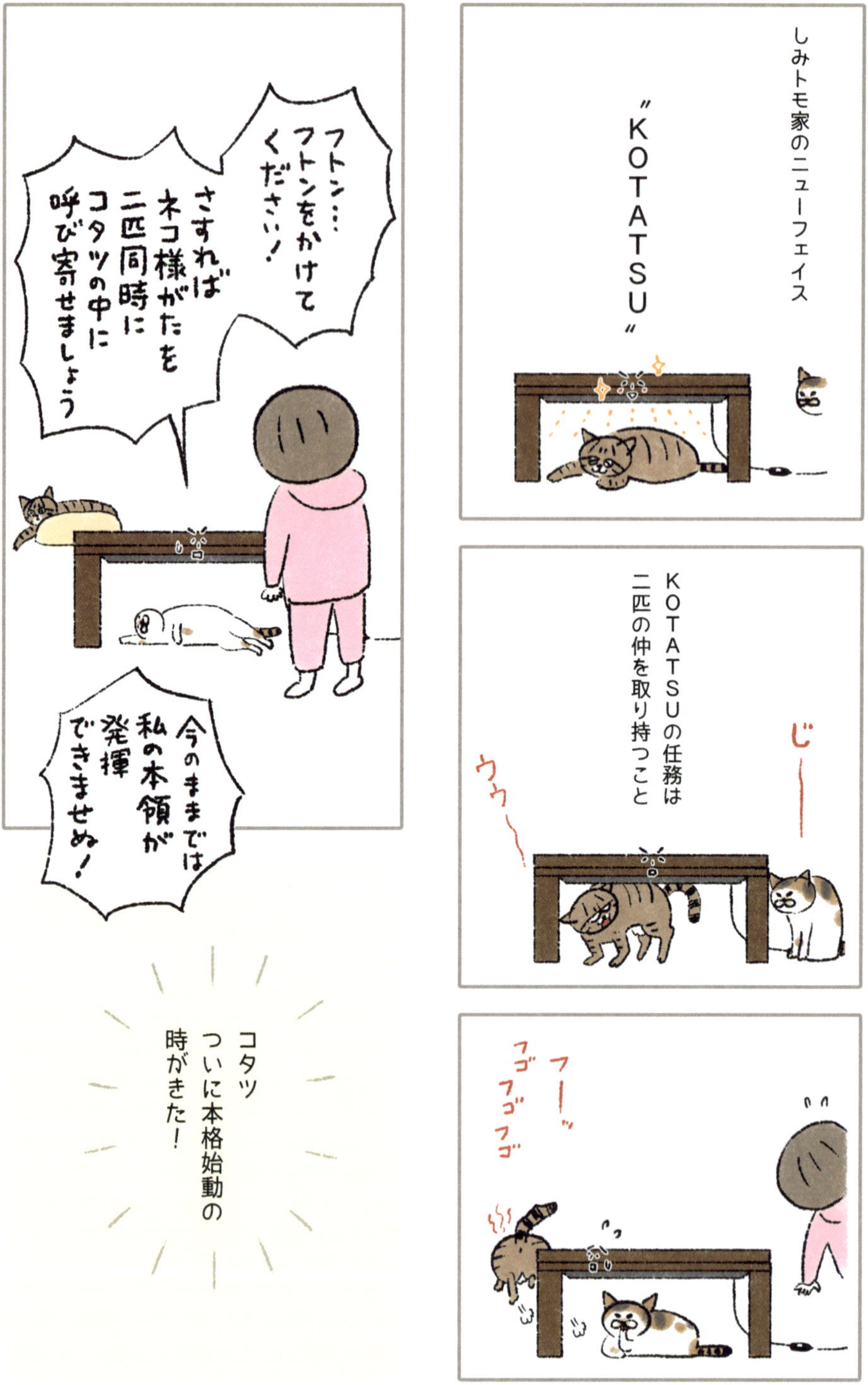
しみトモ家のニューフェイス
"KOTATSU"
KOTATSUの任務は
二匹の仲を取り持つこと
じー
ウウ〜
フーッ
フゴフゴフゴ
フトン…
フトンをかけてください!
さすればネコ様がたを二匹同時にコタツの中に呼び寄せましょう
今のままでは私の本領が発揮できませぬ!
コタツ
ついに本格始動の
時がきた!

ようこそ
ウェルカム
カマーン
カマーン
トモエも どうぞ
バフッ
エイヤ
エイヤ
コンニャロ
コンニャロ
ウ〜
バシ
バシ
ヨシッ わかった
それっ いでよ フトン子!!
KOTATSUさん!
バッ
フトン子さん!
↑フトン子
ジャジャーン
合体

ブヒー
グルル…
しみこ…
ここ開けとくから
いつでもきてね
力およばず…
めんぼくない…
脱水や酸欠、低温やけど防止のために
いつも開けておくことにした
フン
ブヒヒ
押入れも
常に
開けっ放し
ZZZ
…
ホカペ

コタツ…か…
ホカペ
完全に忘れられちゃってる私…
ホカペ
去年は楽しかったなぁ…
ホカペ
せまいのに無理矢理みんな収まろうとして…
くすっ
夢の中では一緒に空も飛んだよね

ああ…
そういえばあれは
クリスマスイブ
だったっけ…
今年はもう
そんな夢も見られない
のかな…
ホカペ
わかってる…
そんな日々はもう
二度とない
過ぎた日々は
戻らないんだって…
ホロリ…
ホカペ
ポロポロ…
ムクッ
いかん、
寝てしまった

しみこ寒そう…
ガサゴソ
捨てずに持ってきて正解正解
ホレ、しみこ ここあったかいよ ここ
ポンポン

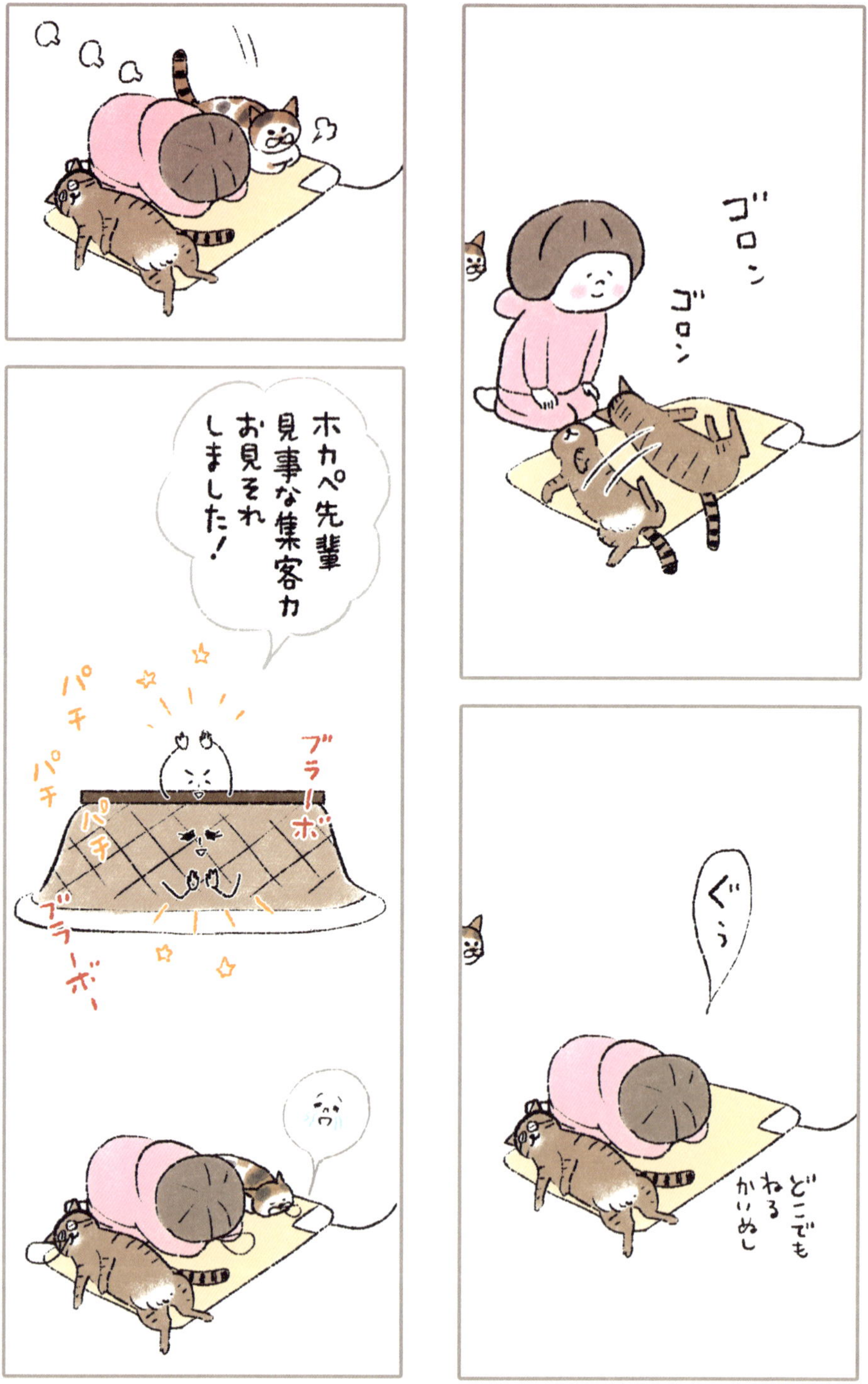
ゴロン
ゴロン
ぐぅ
どこでもねるかいぬし
ホカペ先輩見事な集客力お見それしました！
パチパチ
パチパチ
ブラーボ
ブラーボー

第14話

パチパチスキンシップ

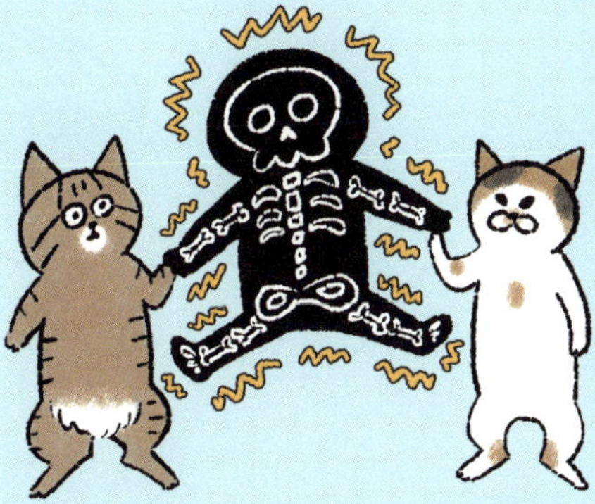

ただいまー
ブンブン
バシッバシッ
出迎えなし
…
冬は静電気との闘いである
…
ポンポン
よし
OK

秋頃までは
よくお出迎えしてくれた…
最近は
コタツかホカペに
張りついていて
わざわざ
出迎えてくれない
ぬーこのきもち
絆《きずな》が深まる
冬のぬこぬこ
マッサージ特集
ぬーこのきもち

よしっ
絆を深めよう!
しみこぉ〜♡
マッサージしまっせ〜
パチッ
ビクッ
トモ…
パチッ
ビクッ

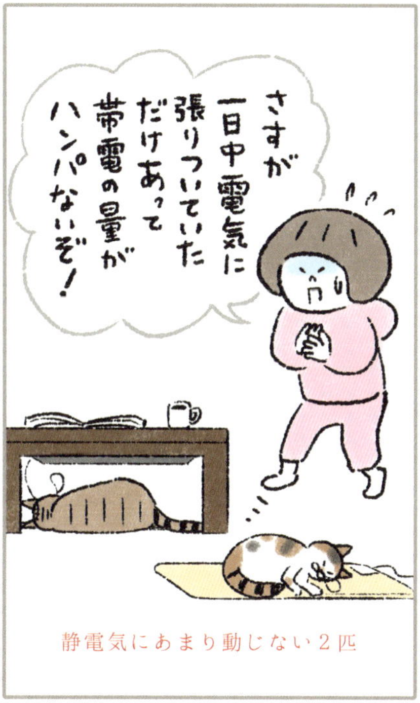
さすが
一日中電気に
張りついていた
だけあって
帯電の量が
ハンパないぞ！
静電気にあまり動じない２匹

ーって、
感心してる
場合じゃない
静電気は体に
あんまり良くない
っていうぞ
血流が悪く
なったり、他にも
いろいろ…

静電気を防ぐには
まず加湿
【我家の加湿グッズ】
ペットボトル式加湿器
電気を使わない
紙のエコ加湿器

ほんでもって
自分たちも水分補給…
ピチャ
ピチャ
グビ
グビ
実はかいぬしが一番
静電気をためこんでいる説
ドロドロ血体質の人は
静電気をためやすいらしい
ドロドロ血体質

そして
ぬるま湯のホットタオルで
拭きつつなでる
ナデ ナデ
フキ フキ
パチ パチ しな～い
わしの
ゴッドハンドで
ぬこたちを
メロメロに…
ゴロ ゴロ
ヒヒヒ
ゴロ ゴロ
ヘンタイ
爪も伸びて
おるでは
ないか
猫用
爪切り
こっちも
ついでに
パチパチ
しましょね～
パチン

イデー
ガブッ
ガブッ
↑爪切り嫌い
調子に乗るなよ
しみこの機嫌に合わせて切るので爪の長さはいつもバラバラ
今日は一本しか切れなかった…
トモヱは肝《きも》が据《す》わっているのかやりやすい
覚悟はできているニャス
トモヱの爪はごつくてかたい
バチン
ボロ…
切るとごつい手応えのあと砕け落ちる時もある

【爪切りの注意】
爪の中に見えるピンクの部分は血管と神経があるので気をつけてこの辺りでカット
血管・神経
モタモタしていると逃げられる
キャギャッ
比較的おとなしく爪を切らせてくれるトモヱだが…
イライラ
爪切りはできる時にできる分だけ
静電気の話がどっかに消えたなり

第15話

模様替え

しみことトモヱ

ぬこの友
特集
お宅にゃん訪
cat food
うちももっと何か工夫したいな
すてきなお部屋がいっぱい
いいな〜
猫と暮らす
お部屋特集
やっぱりキャットステップいいよね〜

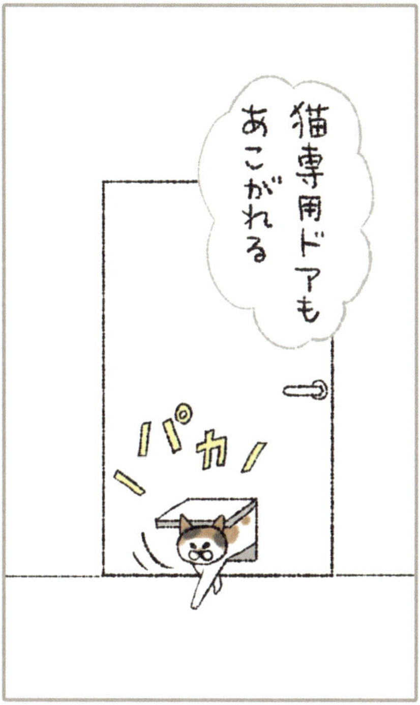
猫専用ドアも
あこがれる
パカ

猫用テラスも
作れたら
いいな〜
ベランダに特注の
巨大ケージを作って置く

な〜んて
考えていたことも
あったけど結局
何もしてない
避難経路
物を置かないでください
緊急時に
通れるように
しておかないと
いけないから

キャットステップは
しみトモたちも
もういい歳だから
使わなさそうだし
猫専用ドアも
うちには
必要ないことに
気づいた
お出かけれすか?
玄関
わ!
こっちに来るなあっ
ザッ
ザッ
シッコだな

ザー
ふう
どっこいしょ
フキ
フキ

そういえば
押入れの中を
いつか何とか
しようと思いつつ
ほったらかした
ままだった
【現状】
猫ベッド
とりあえず
置いてあるもの
布団
衣類
本棚
【和風】
ふすまを
取って
下半分
障子戸に
【理想】
押入れ猫部屋計画
(主にトモヱが利用)
しみこの
定位置は
別のトコにある
【スナックともゑ風】
スナック
ともゑ
これ
作れたら
おもしろいぞ

あ…いや
おもしろ要素は
いらんな
…!
猫がくつろげなければ
意味ないし…
なんじゃい
あまえっこめ
ウリウリ
ウナ〜ン
ウナ〜ン
スタッ
あ
めしの
時間ね…
やっと気づいたか
ズドドドド

カリ
ポリ
カリ
ポリ
なっとうごはん
別になにもしなくてもこのままでいっか
めんどくさくなった
ワシャ
ワシャ
ワシャ

ふあ~あ
猫は楽でいいなぁ~
ナーデ
ナーデ
ぜんぜん動いてない
しっかしずっと寝てばっかりだな
ぜんぜん動いてない

しみことトモヱ

第16話

妄想編 NNN

しみことトモエ

猫を飼っている皆さん、
飼うことになったきっかけは
皆それぞれだと思いニャス
ひろった
ニャ〜
ニャ〜

もらった
たっしゃでな

まよい
こんできた

などなど…

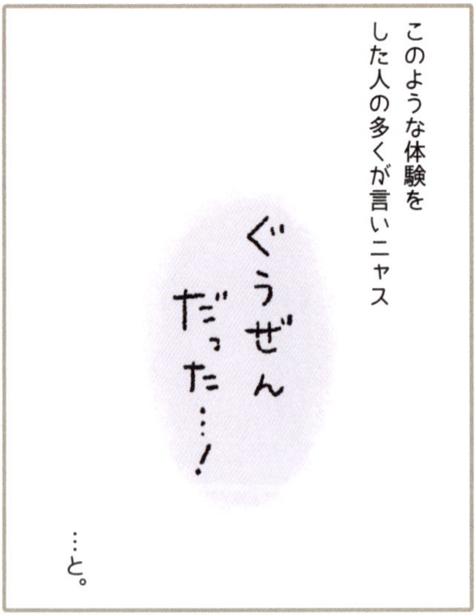
このような体験を
した人の多くが言いニャス
ぐうぜん
だった…！
…と。

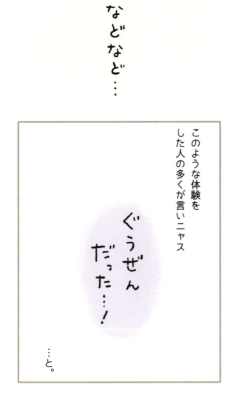

はたして
それは本当に
ぐうぜんにゃのだ
ろうか…
語り…トモヱ
プロファイル1
NOBさんのケース
オイラのトコには
つねに3匹の猫がいる
…先日、そのうちの
1匹が死んだ
猫好きリーゼント
通称NOB《ノブ》
タマ…
今まで
ありがとうな
そんな通夜の帰り…
ミャオン
ミャオン
フラフラ〜
はわわ!
やせ細って
フラフラな
ネコタン!

そんなに
がっついたら
ポンポンペイン
だぜ~
へへっ
ガッ
ガッ
ガッ
新入りかー?
おう
仲良くして
やってくれ
くんくん
ペロ
キョロ
キョロ
ダッ
ガッ
ガッ

ようタマ
生まれ変わりがさっそく現れたぜ〜
そして月日は流れ、親代わりとなった2匹も旅立った…
おとっつぁん
おっかさん
ありがとう
ミャオン
ミャオン
フラフラ〜
ヨロヨロ〜
はわわ！
やせ細ってフラフラなネコタン！（再）
今度は2匹!!

偶然に見せかけ
実は謎の組織によって
仕組まれていた猫との出会い…

フラフラな猫を見たら
放っておけないNOBは
優良顧客として
勝手に
登録されていた

あんたまたひろってきたの
フシギと出会っちゃうんだぜ
かーちゃん

ハァ?
N《エヌ》N《エヌ》N《エヌ》?
なんでいそれ?

あんたそれ…
NNNにロックオンされてるね

NNN、それは
Nuko《ヌコ》Nuko《ヌコ》Network《ネットワーク》
の略
あんたみたいな猫好きにつけいる秘密結社だよ

ロックオンされた人間は
猫を飼える環境かどうか
徹底的に調査され、
認められた者のところへ
飼い主を必要とする猫を
派遣する
猫あっせん組織のことさ…

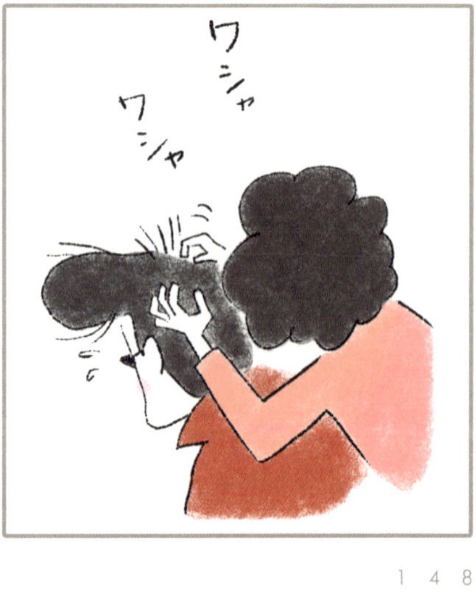

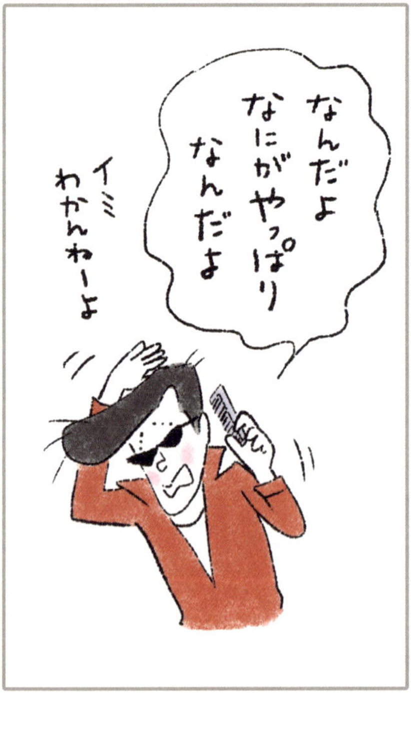

気づかれた…
消せ…！
ウニャ〜ン
ピョン
あら〜？ 甘えたいの〜？
ちょ… およしよ セットがみだれる
ワシャワシャ
ペタ
※NNNの烙印をつけることで記憶を消す効果…
ハッ
あたしは今、何してたんだい？
かーちゃん セットがみだれてるぜ
かしてやるぜ オレのコーム

任務完了
どうですか？
あにゃたは
信じますか？
隠蔽された
ナゾの組織…
信じない

第17話

妄想編 スナックともゑ de 忘年会

しみこ と トモヱ

トモヱから忘年会の招待状をもらった
ムリに来なくてもいいニャス
招待状
大忘年会のお知らせ
日時 十二月三十日
場所 スナックともゑ
おいでにゃす
トモヱ
これはワナなり!
行ってはにゃらん!!
まあまあ
楽しそうじゃありませんか
ぶっとばされっど!!
フーッ
トモヱは失踪中
水商売の才能を開花させ
自分の店を持ち
きりもりしていた
トモヱの店に行けるなんてめったにないチャンスだし

カランコロン
スナック ともゑ

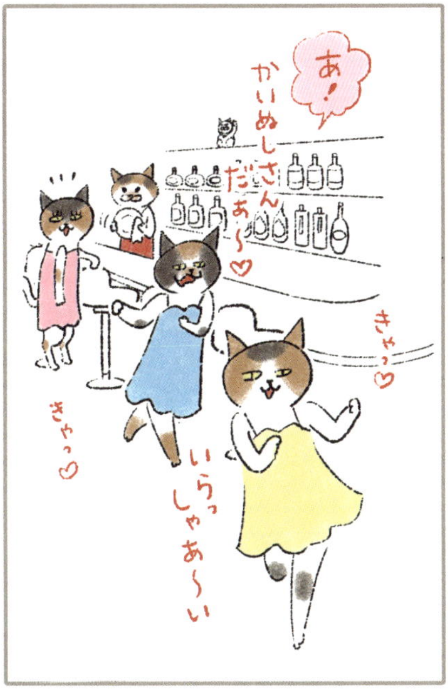
あ！
かいぬしさんだぁ〜♡
きゃっ♡
いらっしゃあ〜い
きゃっ♡

トモエ〜来たよ〜
お招きありがとう
ホントに来た…

すわってすわってぇ♡
きゃっきゃっ
どうぞこちらへ〜
呼ばなきゃよかった…
ハズカシイ
※経営難でやむを得ず呼んだ

トモヱ、ママさんやってるんだ〜えらいね〜
わがはい「プロのたまり水」…あ、やっぱり「ニャボシ水割り」で
早くのみもの決めるニャス
イラ
イラ
ニャニャ
カラン
コロン
マリコママ！いらっしゃいませ〜♡
トモヱ、久しぶり
立派にやってるじゃない
トモヱの天敵
ギャオス
バーマリコの常連客
※家出中のトモヱを水商売にスカウトしたバーマリコのマリコママ
キャー♡
ギャーさんも♡
いらっしゃ〜い
ニャン♡
ニャン♡
あら？

あなたがかいぬしさん？
で、おとなりがしみこちゃんね
どうもどうもその節はお世話になりまして…
フゥン
なるほどねぇ頼りないかいぬしと世間知らずの先住猫…
そりゃあ居心地良いわけないわよねぇ
えっ!?
なんにゃ!?
フーーッ
無理にこの家に帰らなくても良かったんじゃないの？
ねぇ？トモエ

ママ…やめるニャス
もういいんニャス
もうフラフラするのはあきたニャス
おちつきたいんす
…トモエ
あんた本当にそれでいいの?
お店じゃナンバーワンのあんたが…
家に帰ればあのオボコしみこと同列扱い
トモエ、あんたそんな玉じゃないでしょう?
ムカー
いいんニャス！やっと見つけた居場所ニャンス！
もう野良はイヤニャンス!!

ま、まぁまぁ
せっかくの忘年会じゃにゃいスカ〜
パーッといきましょうにゃ
パーッとにゃ♡
そうね ゴメン
モミ モミ
チラ
ムナクソわるいなり
ハハハ…
ドスン
ヨッとしつれい
しみこさん…実はずっと好きでしたでギャオス
ハッ!!?
ネコ草どうぞ

網戸ごしの恋…
いつもトモヱにジャマをされ…
告げられなかったこの想い…
シャ
今夜ここにいらっしゃるときいて…
結婚してください！でギャオス
OKなりよ～
ちょっと待つニャー
キシャー

しみこに さわんニャス！ しみこは アタイのもの ニャス!!!
ホワッッ??!
わがはい とうぜんの モテ期!?
ちらっ
ギャイン！
しみこはアタイの ニャワバリ ニャー!!
ガブー
は？ ニャワバリ？
ギャーさん ヒドイ！ どういうコト!?
家には あなたの ちのみごが…
フー！ッ
バリバリ
バリバリ
ポカ
スカ
ポカ

フッ…
トモエ、あんた本当に自分の居場所を見つけたようね
失礼なこと言ってわるかったわね 今日は私のおごりよ パーッとやりましょ!
シュポーン
名水 天然の雨水
おおっ これはウメエ!!
あまみず…
カンパーイ!

第18話

妄想編　スナックともゑ de 大宴会

しみことトモヱ

はぁー
この連載ももうすぐ終わりか〜
ここはひとつ盛大にパーティーでもしますかね
場所はトモヱのお店でいいかな？
パーリーパーリー♪
イヤッフー…
あたいの店…？
【トモヱのお店】失踪中にトモヱがきりもりしていた場末のスナック「スナックともゑ」
祝 スナックともゑ様 御Bar マリコより
スナック ともゑ
子分の三匹の三毛猫にまかせてほったらかしにしてある

あたい この街から 出るニャス
カタギに なるれす
えっ
この店は あんたたちに やるニャス
好きにしたら いいニャス
そ… そん にゃ…
あいつら うまく やってるかな
ジジジ…
スナック ともゑ
会員制
ジジ…
カラン コロン

!
ジロリ
な、なんニャス このありさまは…!?
ドヨ〜ン
あ…あねご?
なんニャスも なにも…
回想
この店は あんたたちに やるニャス
好きにしたら いいニャス
イェ〜ヤッフゥ〜!!

ガタッ
シャッ
ダン
ブチッ
ブチッ
ムシャ
ムシャ
ガチャン
バリ
バリ
バリ
バリ
バリ
店の営業は？
猫いっぴき寄り付かないニャ
ニャハハ
ニャハハハ
キャッ
キャッ
ゲラ
ゲラ
ゲラ
言われた通り好きにさせてもらったニャ
まあいいニャス
パーティーやるニャス
掃除はアレにまかせて計画練るニャス
アレ

フ〜
キレイになったニャ
まぁまぁだな

あーじゃこーじゃ
なんやかんや
フガー

準備ばんたん
最後のパーリータイムニャ★

ドサッ

パッ
くる
くる
近所のおじさんたち
カランコロン
マリコママ！
ギャーさん！
いらっしゃい!!
おとなりさんと
大家さん

しおりん
海子さん
しみトモを通じて
出会ったたくさんの
みなさん
ありがとう
ヒゲの助としみ毛太郎
毛玉たちもぞくぞくと…
誰だおまえ

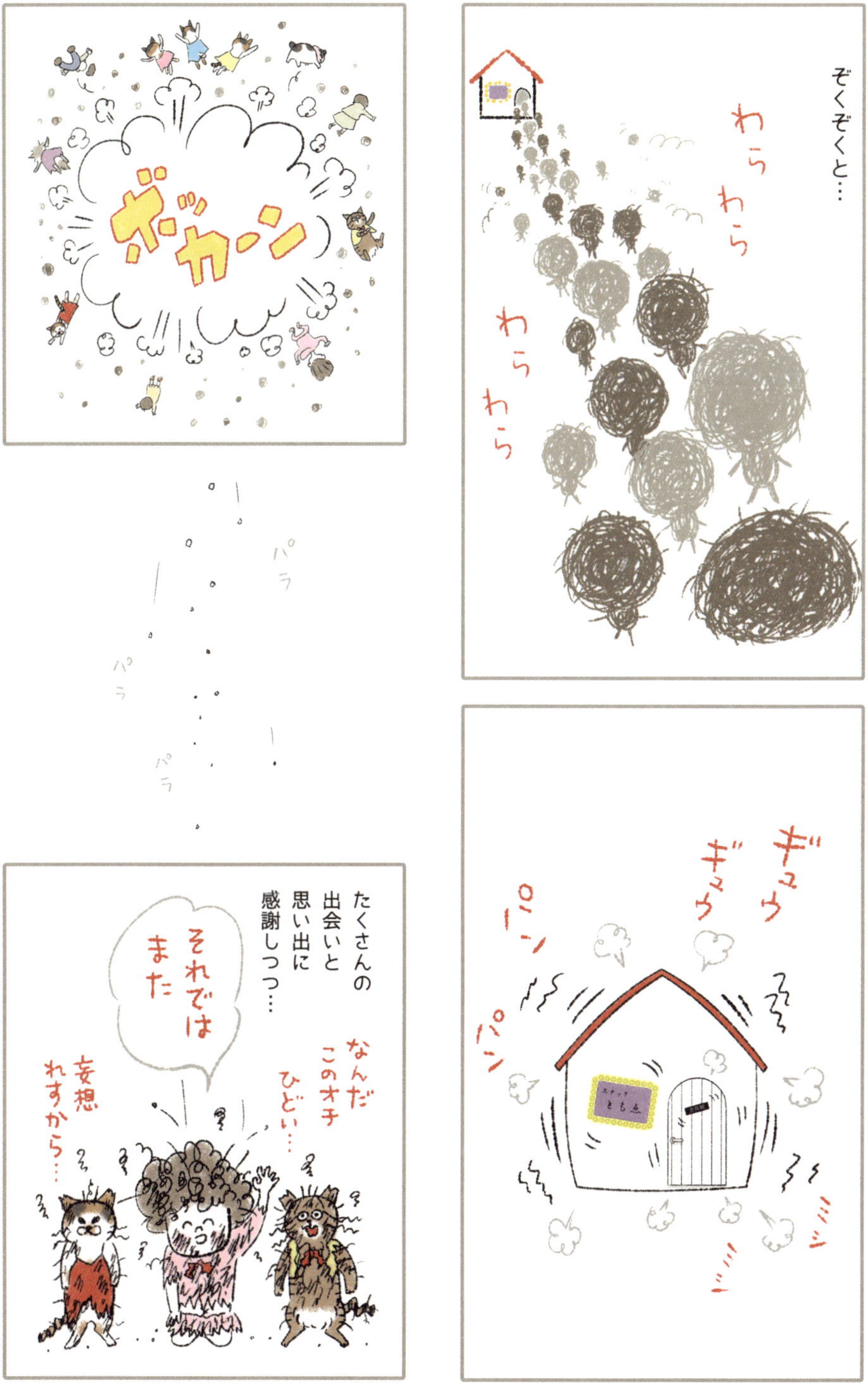
ぞくぞくと…
わら わら
わら わら
ギュウ ギュウ
パン パン
ミシ ミシ
ボッカーン
パラ
パラ
パラ
たくさんの
出会いと
思い出に
感謝しつつ…
それでは
また
なんだ
このオチ
ひどい…
妄想
れすから…

しみことトモヱ

おしながき

お飲み物

水道水
天然の雨水
風呂のたまり水
猫肌ぬるま湯
塩抜きニャボシ水
水素水

おつまみ

猫用ニャボシ
カニカマスライス
カリカリマグロ
モンプチ
猫草
またたび

第19話

言霊

しみことトモエ

唐突ですが
猫は人間の言葉をどう理解しているのでしょうか
ニャ〜
ニャ〜
ニャ〜
電話で話し出すと何か言いたげに鳴くしみこ
【友人Aさん】
うちの子デブだから〜
とか
ブサイクだし〜
とか言うと傷つくから言っちゃダメなんだって
ウソだよゴメン
本当かどうかわかんないけどなんとなくそんな気はする

植物も
ネガティブな言葉を
言われ続けると
早く枯れたり
するって言うし
バカ
アホ
大好きだよ
ヨシヨシ
…など、時には
優しく話しかけながら
スキンシップするのが
良いらしい
あと
無言で
かわいがる
よりも
…
…
そういえば
無言で
なでている
ことが多い
…
しーん

たまに
漫画表現で
「ヨシヨシ」とか
声をかけて
いるかのように
描いていますが
ヨーシ
ヨシヨシ
実は
心のつぶやき
ヨーシ
ヨシヨシ
無表情
ちゃんと声を
出して
良い言葉を
伝えるように
しよう
表情も
豊かに
ニコォ
大好き
だよ
なんだかどうも
ウソくさくて
恥ずかしい
カァァッ

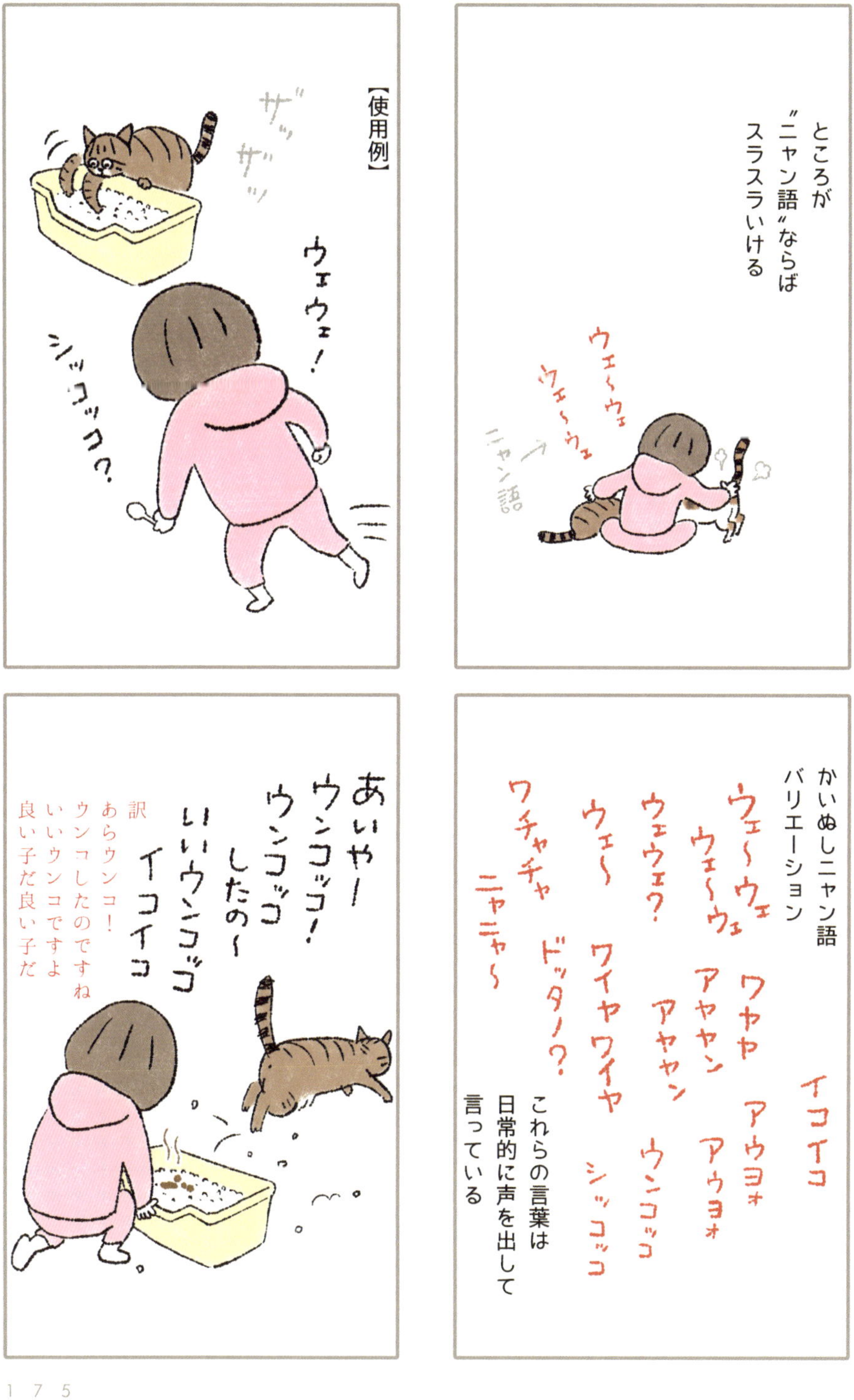
ところが
“ニャン語”ならば
スラスラいける
ウェ〜ウェ
ウェ〜ウェ
ニャン語
かいぬしニャン語
バリエーション
ウェ〜ウェ
ウェ〜ウェ
ウェウェ?
ウェ〜
ワチャチャ
ニャニャ〜
ワヤヤ
アヤヤン
アヤヤン
ワイヤワイヤ
ドッタノ?
イコイコ
アウヨォ
アウヨォ
ウンコッコ
シッコッコ
これらの言葉は
日常的に声を出して
言っている
【使用例】
ザッザッ
ザッザッ
ウェウェ!
シッコッコ?
あいや〜
ウンコッコ!
ウンコッコ
したの〜
いいウンコッコ
イコイコ
訳
あらウンコ!
ウンコしたのですね
いいウンコですよ
良い子だ良い子だ

【しみこを呼ぶ】
シィシィ
シッシー
シンシン
【トモヱを呼ぶ】
トントン
トンチーン
トモイ〜
トモイェ〜
トントン
チーン
ニャーア？
ニャンスカ？
ウェ〜
ウェウェ
呼んで
みただけ

なぜか
ニャン語だったら
照れずに声かけ
できる
ワイヤ
ワイヤ
ワチャチャ
アウヨォウ
アウヨォゥ
？
発情（？）の声を
マネしているつもり

古来より
「言霊」という言葉がある

声に出した言葉が
現実の事象に対して
何らかの影響を与えると信じられ
良い言葉を発すると良い事が起こり
不吉な言葉を発すると凶事が起こる
とされた——

wikiより

しかし、やっぱり
言葉というのは
大事らしい
はたして
ニャン語は
言霊的に
どうなのか？

人間語では
だ

ダいすきヨ・・
・・・
カァァ・・・
大好きなのは
本当なのに
お世辞
言ってる気分
ガバッ
ニャ〜
ウェ〜ウェ〜ウェ
これで十分
通じてる
気がする

第20話

なんでもない冬の一日

しみことトモヱ

今年の夏
長年連れ添った
ファンヒーターと
お別れした
今まで
ありがとう
ギュッ
別れの儀式
今の部屋は日当たりが良く
気密性も高いので
晴れた日中はポカポカして
冬でも暖房いらず
日が暮れても
コタツだけで十分暖かい
ちょうど
いい
暖かさ
この冬も
これだけで
乗り切れそうな
気がする
エアコンも
あるけど
あんまり
使わない

コロン
コロン
スリ
スリ
ペた
まるでサウナから出てきたおっさん
※しみこは♀です

クネ
クネ
スリ
スリ
ドテッ

くるっ
ペロペロ
ぷぷぷっ
サッ
時々コタツを消して
ミニホカペ
スイッチON
湯たんぽIN
湯たんぽ

おーい
寝るぞーい
さぁ
お入りー
タ――ッ
ペロ
ペロ
クネ
クネ

なんでそっち側がいいの？
？
スヤスヤ
この時
しみこは来ない
アサー

しみこは朝方やってくる
おっ しみこ来たな
ドゥフフ 一家集結
両手に花…
…ってあれ？
トモヱがいない
でーん

起きたか？
ムクッ
めしにするなり
めしの催促に来ただけ
めしよりもまずトモヱのにおいを嗅ぐしみこ
なぞ
ス、スン スン
ウ〜

そして今日も
いつもの位置で
いつもの仕事に
つくのであります

以上
しみトモ家の
なんでもない
冬の一日でした

なんでもない
〃宝物の一日〃
なのであります

たからものな
オマケまんが

まっすぐこない

スーリ
スーリ
ソロ～
くね
くね
ファ～～
はよ
こいや
くるのか
こないのか
はっきり
せえっ
もっと
ガッツリ
こっちに
こ～い
ゴロロ
ゴロロ
まっすぐ
こない

そして現在うちには
もう1匹
サビ猫の
サビチャンが
いる
サビチャン
ニャッ ニャッ
呼べば
すっとんできて
スタタタタ
思いっきし
まっすぐくる
スポ
紙くずを
放り投げれば
ドドドドド
くわえて戻ってくる
まるで犬ニャス
サビ猫ならぬサビ犬なり
サビ犬
サビイヌ
サビーヌ…
サビーヌ！
これがのちに
サビーヌと
呼ばれるようになった
ゆえんである(嘘)
グプ〜
それでは
また

しみことトモエ
猫《ねこ》との日々《ひび》はたからもの

コミックエッセイの森

2018年10月11日　第1刷発行

著者
simico《しみこ》

装丁
小沼宏之

本文DTP
松井和彌

編集
齋藤和佳

発行人
堅田浩二

発行所
株式会社イースト・プレス
〒101-0051
東京都千代田区神田神保町2-4-7 久月神田ビル
TEL03-5213-4700　FAX03-5213-4701
http://www.eastpress.co.jp/

印刷所
中央精版印刷株式会社

［初出］――
この作品は、web漫画サイト
comicoで配信されたものに
加筆修正し、再構成したものです。

ISBN978-4-7816-1710-7 C0095

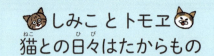